村镇供水行业专业技术人员技能培训丛书

供水水质检测1

常用仪器设备与基本操作

主编 夏宏生 副主编 朱官平

中国水利水电出版社

www.waterpub.com.cn

内 容 提 要

　　本书是村镇供水行业专业技术人员技能培训丛书中的第一分册，介绍了供水水质检测中常用的仪器设备及水质检测中的基本操作。全书共分6章，包括：常用玻璃仪器及器皿、常用设备、化学试剂、水质检测中的一般操作、溶液配制、常见操作事故及应急处理方法。

　　本书采用图文并茂的形式编写，内容既简洁又不失完整性，通俗易懂，深入浅出，非常适合村镇供水从业人员阅读学习。本书可作为职业资格考核鉴定的培训学习用书，也可作为村镇供水从业人员岗位学习的参考书。

图书在版编目（CIP）数据

　　供水水质检测. 1，常用仪器设备与基本操作 / 夏宏生编. -- 北京：中国水利水电出版社，2013.7
　　（村镇供水行业专业技术人员技能培训丛书）
　　ISBN 978-7-5170-1041-8

　　Ⅰ. ①供… Ⅱ. ①夏… Ⅲ. ①给水处理－水质监测－环境监测设备②给水处理－水质监测－技术 Ⅳ.①TU991.21

　　中国版本图书馆CIP数据核字(2013)第154912号

书　　名	村镇供水行业专业技术人员技能培训丛书 供水水质检测 1　常用仪器设备与基本操作	
作　　者	主编　夏宏生　副主编　朱官平	
出版发行	中国水利水电出版社 （北京市海淀区玉渊潭南路1号D座　100038） 网址：www. waterpub. com. cn E-mail：sales@waterpub. com. cn 电话：(010) 68367658（发行部）	
经　　售	北京科水图书销售中心（零售） 电话：(010) 88383994、63202643、68545874 全国各地新华书店和相关出版物销售网点	
排　　版	中国水利水电出版社微机排版中心	
印　　刷	北京嘉恒彩色印刷有限责任公司	
规　　格	140mm×203mm　32开本　3.5印张　94千字	
版　　次	2013年7月第1版　2013年7月第1次印刷	
印　　数	0001—3000册	
定　　价	**15.00元**	

《村镇供水行业专业技术人员技能培训丛书》
编写委员会

主　任：刘　敏

副主任：江　洧　胡振才

编委会成员：黄其忠　凌　刚　邱国强　曾志军

陈燕国　贾建业　张芳枝　夏宏生

赵奎霞　兰　冰　朱官平　尹六寓

庄中霞　危加阳　张竹仙　钟　雯

滕云志　曾　文

项目责任人：张　云　谭　渊

培训丛书主编：夏宏生

《供水水质检测》主编：夏宏生

《供水水质净化》主编：赵奎霞

《供水管道工》主编：尹六寓

《供水机电运行与维护》主编：庄中霞

《供水站综合管理员》主编：危加阳

序

　　近年来，各级政府和行业主管部门投入了大量人力、物力和财力建设农村饮水安全工程，而提高农村供水从业人员的专业技术和管理水平，是使上述工程发挥投资效益、可持续发展的关键措施。目前，各省乃至全国都在开展相关的培训工作，旨在以此方式提高基层供水单位的运行及管理的专业化水平。

　　与城市集中式供水相比，农村集中式供水是一项新型的、方兴未艾的事业，急需大量的、各层次的懂技术、会管理的专业人才，而基层人员又是重要的基础和保证。本系列丛书的编者们结合工程实践、提炼技术关键、总结管理经验，认真分析基层供水行业技术和管理人员的基础知识和认知能力，依据农村供水行业各工种岗位应知应会的要求，编写了这套由浅入深、图文并茂、通俗易懂、操作指导性强的系列丛书，以方便农村供水从业人员在日常工作中学习、查阅和操作。该丛书按照工种岗位职业资格标准编写，体现出了职业性、实用性、通俗性和前瞻性，可作为相关部门和企业定岗考核的重要参考依据，也可供各地行业主管部门作为培训的参考资料。

　　本丛书的出版是对我国现有农村供水行业读物的

一个新的补充和有益尝试，我从事农村饮水安全事业多年，能看到这样读物的出版，甚为欣慰，故以此为序。

2013 年 5 月

前　言

　　我国村镇集中式供水与城市供水相比是一项新兴的事业，开展村镇供水行业技术人员的培训是提高村镇供水从业人员技术和管理能力，推进在村镇供水行业中有步骤开展职业资格证制度的一项重要基础性工作。在总结广东省村镇供水行业技术人员培训工作和对现有村镇供水培训教材调研的基础上，编写一套针对性强，方便学习、查阅和指导日常操作的系列培训丛书是十分必要和迫切的。在广东省水利厅的大力支持下，组织有关专家编写了本套"村镇供水行业专业技术人员技能培训丛书"，以满足村镇供水从业人员技能培训和职业技能鉴定的需要。丛书以工种岗位职业资格标准为大纲，体现职业性、实用性、通俗性和前瞻性。

　　培训丛书共包括《供水水质检测》、《供水水质净化》、《供水管道工》、《供水机电运行与维护》、《供水站综合管理员》等5个系列，每个系列又包括1～3种分册。丛书内容简明扼要、深入浅出、图文并茂、通俗易懂，具有易读、易记和易查的特点，非常适合村镇供水行业从业人员阅读和学习。丛书可作为培训考证的学习用书，也可作为从业人员岗位学习的参考书。

　　本丛书的出版是对现有村镇供水行业培训教材的一

个新的补充和尝试，如能得到广大读者的喜爱和同行的认可，将是我们莫大的欣慰和鼓励。

村镇供水从其管理和运行模式的角度来看是供水行业的一种新类型，因此编写本套丛书是一种尝试和挑战。在编写过程中，在邀请供水行业专家参与编写的基础上，还特别邀请了村镇供水的技术负责人与技术骨干担任丛书评审人员。由于对村镇供水行业从业人员认知能力的把握还需要不断提高，书中难免还有很多不足之处，恳请同行和读者提出宝贵意见，使培训丛书在使用中不断提高和日臻完善。

丛书编委会

2013 年 5 月

目　录

第1章 常用玻璃仪器及器皿

1.1 玻璃棒

玻璃棒的作用：

（1）在过滤等情况下转移液体的导流（见图 1.1.1 和图 1.1.2）。

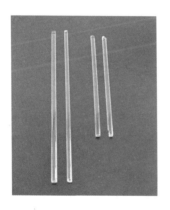

图 1.1.1 玻璃棒

图 1.1.2 导流

（2）用于溶解、蒸发等情况下的搅拌。搅拌时要以一个方向搅拌，同时不要太用力，以免玻璃棒破碎，也要避免碰撞容器壁、容器底（见图 1.1.3）。

1.2 烧杯

烧杯是一种常见的实验室玻璃器皿，通常由玻璃、塑料或者耐热玻璃制成（见图 1.2.1）。

图 1.1.3 溶解

图 1.2.1 烧杯

1. 规格

常见的烧杯的规格有：5mL、10mL、15mL、25mL、50mL、100mL、250mL、300mL、400mL、500mL、600mL、800mL、1000mL、2000mL、3000mL、5000mL。

图 1.2.2 蒸发浓缩或加热溶液

2. 用途

（1）容器。烧杯可以作为盛装液体、固体等的容器。烧杯外壁有刻度时，可估计其内的溶液体积。

（2）物质的反应器。反应物需要搅拌时，通常以玻璃棒搅拌。

（3）溶解、结晶某物质。

（4）盛取、蒸发浓缩或加热溶液（见图 1.2.2）。

3. 使用方法及注意事项

（1）当溶液需要移到其他容器内时，可以将杯口朝向有突出缺口的一侧倾斜，即可顺利将溶液倒出。

若要防止溶液沿着杯壁外侧流下，可用一枝玻璃棒轻触杯口，则附在杯口的溶液即可顺利地沿玻棒流下（引流）。

（2）给烧杯加热时要垫上石棉网，以均匀供热。不能用火焰直接加热烧杯，如图1.2.3所示。加热时，烧杯外壁须擦干。

图 1.2.3　错误的加热方法

（3）用于溶解时，液体的量以不超过烧杯容积的 1/3 为宜，并用玻璃棒不断轻轻搅拌。溶解或稀释过程中，用玻璃棒搅拌时，不要触及杯底或杯壁（见图1.2.4）。

图 1.2.4　溶解

图 1.2.5　腐蚀性药品的加热

（4）盛液体加热时，不要超过烧杯容积的 2/3，一般以烧杯容积的 1/2 为宜。

（5）加热腐蚀性药品时，可将一表面皿盖在烧杯口上，以免液体溅出，如图 1.2.5 所示。

（6）不可用烧杯长期盛放化学药品，以免落入尘土和使溶液中的水分蒸发。

（7）不可用烧杯准确量取液体。

1.3　锥形瓶

锥形瓶，又名三角瓶，是实验室常用的玻璃仪器，外观呈平底圆锥状，下阔上狭，有一圆柱形颈部，上方有一较颈部阔的开口，如图 1.3.1 所示。

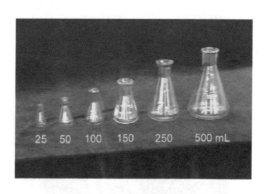

图 1.3.1　锥形瓶

1. 种类及规格

锥形瓶有无塞和具塞两种，规格有 10～2000mL 不等，实验室常用规格有：50mL、100mL、150mL、250mL、500mL。

2．用途

（1）滴定分析中作为滴定容器，可方便地进行摇动。

（2）加热时作反应容器，可防止反应溶液的大量蒸发。

3．使用

（1）洗净锥形瓶，倒尽水晾干或烘干备用。

（2）锥形瓶的使用：

1）加入试液（剂）：将试液（剂）沿锥形瓶内壁加入（见图1.3.2），并用少量蒸馏水把瓶壁上的试液（剂）冲洗下去，如图1.3.3所示。注入液体最好不要超过其容积的2/3。

图1.3.2　锥形瓶内试液（剂）的加入

图1.3.3　冲洗附壁液体

2）加热：若需加热进行化学反应且要防止有关物质的挥发时，可在瓶口盖一直径稍大于瓶口的表面皿，凸面向下，凹面朝

5

上，加热时使用石棉网，如图 1.3.4 所示。

图 1.3.4 锥形瓶内挥发性物质的加热

3）摇动混匀：一般用右手大拇指、食指及中指握住靠近锥形瓶颈的倾斜部位作旋转摇动（见图 1.3.5），不要前后或左右摇动，更不能上下振动，瓶口尽量保持在原位。

图 1.3.5 摇匀

1.4 比色管

比色管是化学实验中用于目视比色分析、分光光度法比色分析实验的主要仪器，可用于粗略测量溶液浓度，如图 1.4.1 所示。

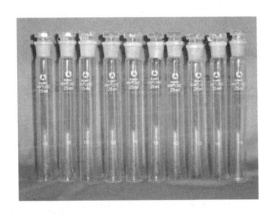

图 1.4.1 比色管

1. 外观及规格

比色管的外形与普通试管相似，但比试管多一条精确的刻度线，并配有橡胶塞或玻璃塞，且管壁比普通试管薄，常见规格有 10mL、25mL、50mL 三种。

2. 使用方法

（1）标准系列（见图 1.4.2）。用滴定管将标准溶液分别滴入几支比色管中（假设比色管为 V_{mL} 规格的，标准溶液浓度为 a），且每支比色管滴入的标准溶液体积不同（假设为 X_1，X_2，X_3，…），再用滴管向每支比色管中加蒸馏水至刻度线处，盖上塞子后振荡摇匀，这样就可以根据标准液以及滴定管滴入每支比色管的标准液体积计算出每支比色管中溶液的浓度（每支比色管内溶液浓度分别为 aX_1/V，aX_2/V，aX_3/V，…）。

（2）待测溶液及比色（见图 1.4.3）。将待测溶液装入一支比色管中，然后将装有待测溶液的比色管与之前配制的标准溶液

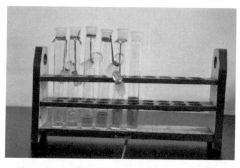

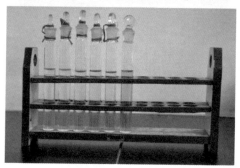

图 1.4.2 标准系列

进行比色（即对两种溶液的颜色进行对比），即可粗略得出待测溶液的浓度。

图 1.4.3 待测溶液比色

比色时，每次只将装有待测溶液的比色管与一支装有标准溶液的比色管进行对比。对比时将两支比色管置于光照程度相同的白纸前，用肉眼观察颜色差异。

1.5　量筒（杯）

量筒（杯）是用来量取液体的一种玻璃仪器，是量度液体体积的仪器，如图 1.5.1 所示。

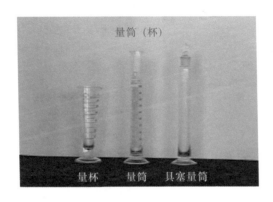

图 1.5.1　量筒与量杯

1. 规格

以所能量度的最大容积（mL）表示，常用的有：10mL、25mL、50mL、100mL、250mL、500mL、1000mL 等。

2. 量筒和量杯的使用

（1）量筒（杯）的选择。一般情况下，量取少量的液体时首选量杯，量取大体积的液体时则要选用量筒。不能用大规格的量筒（杯）量取小体积的液体，也不要用小规格的量筒（杯）多次量取大体积的液体。易挥发的液体应选用具塞量筒量取。

（2）洗净量筒（杯），将水倒尽备用，若实验需要，则应干燥。

（3）量筒和量杯的使用：

1）倒入液体（见图 1.5.2）：沿量筒（杯）壁加入液体至所

图 1.5.2　倒入液体

需分度线。

2）读数（见图 1.5.3）：读数时，量筒（杯）应保持自然直立，加入液体至所需刻度。观察时保持视线水平，量取透明液体时，将量筒（杯）内液体的弯月面下缘（最低点）与分度线上边缘的水平面相切、视线应与分度线水平面保持在同一水平线上。量取不透明或深色液体时，将弯月面上缘与分度线上边缘的水平面相切。多余的液体用洁净的吸管吸出。

3）倒出液体（见图 1.5.4）：将量筒或量杯嘴贴紧接受器内壁，沿接受器内壁倒出所量液体，等待 30s 即可。

图 1.5.3　读数

图 1.5.4　倒出液体

4）洗净量筒（杯）并放置在指定位置。

1.6　移液管

移液管又名吸量管，是滴定分析中常用的量出式玻璃计量仪器，精度较高，可以准确移取一定体积的液体，如图 1.6.1

所示。

1. 种类及规格

移液管分为无分度吸量管（移液管）和分度吸量管（刻度移液管）两种，无分度吸量管常用规格有：1mL、2mL、5mL、10mL、20mL、50mL、100mL；分度吸量管常用规格有：1mL、2mL、5mL、10mL、20mL。

2. 使用移液管的步骤

（1）检查移液管的管口和尖嘴有无破损，若有破损则不能使用。

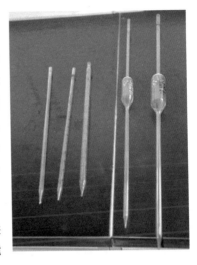

图 1.6.1 移液管

（2）洗净移液管。先用自来水淋洗后，用铬酸洗涤液浸泡。之后，用自来水冲洗移液管（吸量管）内壁、外壁至不挂水珠，再用蒸馏水洗涤 3 次，控干水备用。

（3）润洗移液管。摇匀待吸溶液，将待吸溶液倒一小部分于一洗净并干燥的小烧杯中，用滤纸将清洗过的移液管尖端内外的水分吸干，并插入小烧杯中吸取溶液，当吸至移液管容量的 1/3 时，立即用右手食指按住管口，取出，横持并转动移液管，使溶液流遍全管内壁，将溶液从下端尖口处排入废液杯内。如此操作，润洗 3～4 次后即可吸取溶液（见图 1.6.2）。

（4）吸取溶液。移液管操作方法：①左手拿吸耳球，持握拳式，将吸耳球握在掌中，

图 1.6.2 润洗

尖口向下，握紧吸耳球，排出球内空气，将吸耳球尖口插入或紧接在移液管（吸量管）上口（见图 1.6.3），注意不能漏气；②用右手拿移液管或吸量管上端合适位置，食指靠近管上口，中指和无名指张开握住移液管外侧，拇指在中指和无名指中间位置握在移液管内侧，小指自然放松，如图 1.6.4 所示；③慢慢松开左手手指，将洗涤液慢慢吸入管内，直至刻度线以上部分，移开吸耳球，迅速用右手食指堵住移液管（吸量管）上口，等待片刻后，将洗涤液放回原瓶。

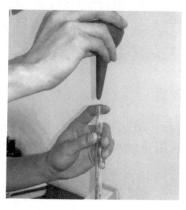 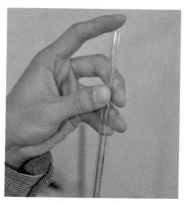

图 1.6.3　移液管及洗耳球的手法　　　　图 1.6.4　移液管的手法

将用待吸液润洗过的移液管插入待吸液面下 1～2cm 处，用吸耳球按上述操作方法吸取溶液（注意移液管插入溶液不能太深，并要边吸边往下插入，始终保持此深度），如图 1.6.5 所示。

当管内液面上升至标线以上约 1～2cm 处时，迅速用右手食指堵住管口（此时若溶液下落至标线以下，应重新吸取），将移液管提出待吸液面，并使管尖端接触待吸液容器内壁片刻后提起，用滤纸擦干移液管或吸量管下端黏附的少量溶液（在移动移液管或吸量管时，应将移液管或吸量管保持垂直，不能倾斜）。

（5）调节液面。左手另取一干净小烧杯，将移液管管尖紧靠小烧杯内壁，小烧杯保持倾斜，使移液管保持垂直，刻度线和视线保持水平（见图 1.6.6），此时左手不能接触移液管。稍稍松开食指（可微微转动移液管或吸量管），使管内溶液慢慢从下口流出，液面将至刻度线时，按紧右手食指，停顿片刻，再按上法将溶液的弯月面底线放至与标线上缘相切为止，立即用食指压紧管口。

图 1.6.5　吸取液体

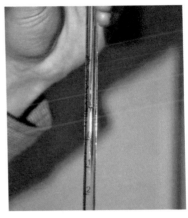

图 1.6.6　调节液面

　　将尖口处紧靠烧杯内壁，向烧杯口移动少许，去掉尖口处的液滴。将移液管或吸量管小心移至承接溶液的容器中。

　　（6）放出溶液。如图 1.6.7 所示，将移液管或吸量管直立，接受器倾斜，管下端紧靠接受器内壁，放开食指，让溶液沿接受器内壁流下，管内溶液流完后，保持放液状态停留 15s，将移液管或吸量管尖端在接受器靠点处靠壁前后小距离滑动几下（或将移液管尖端靠接受器内壁旋转 1 周），移走移液管残留在管尖内壁处的少量溶液，不可

图 1.6.7　放出液体

用外力强使其流出，因校准移液管或吸量管时，已考虑了尖端内壁处保留溶液的体积（除在管身上标有"吹"字的，可用吸耳球吹出，不允许保留）。

（7）洗净移液管，放置在移液管架上。

图 1.7.1　滴定管

1.7　滴定管

滴定管是用来准确放出不确定量液体的容量仪器（见图 1.7.1）。

1. 种类和规格

滴定管分酸式滴定管和碱式滴定管（见图 1.7.2）。

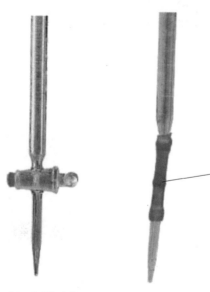

（a）酸式滴定管　　　（b）碱式滴定管

图 1.7.2　滴定管种类及区别

（1）酸式滴定管的下端为一玻璃活塞，开启活塞，液体即自管内滴出。

（2）碱式滴定管的下端用橡皮管连接一支带有尖嘴的小玻璃管。橡皮管内装有一个玻璃圆球。用左手拇指和食指轻轻地往一边挤压玻璃球外面的橡皮管，使管内形成一缝隙，液体即从滴管滴出。

2. 规格

常用的规格：25mL、50mL、100mL。最常用的滴定管容量为 50mL，刻度的每一大格为 1mL，每一大格又分为 10 小格，故每一小格为 0.1mL。精确度是 1％，即可精确到 0.01mL。

3. 滴定管的使用

（1）滴定管的选择。

应根据滴定中消耗标准滴定液的体积多少和滴定液的性质选择相应规格的滴定管。

（2）酸式滴定管（见图 1.7.3）的使用。

图 1.7.3　酸式滴定管

1）涂凡士林。使用一支新的或较长时间不使用的或使用了较长时间的酸式滴定管时，必须涂抹凡士林，如图 1.7.4 所示具体方法是：

a. 取下活（旋）塞，用滤纸片擦干活塞、活塞孔和活塞槽。

b. 用手指在活塞两端沿圆周各涂上一层薄薄的凡士林，然后将活塞直插入旋塞槽中，向同一方向转动活塞，直至旋塞和旋塞槽内的凡士林全部透明为止。

图 1.7.4 涂凡士林

2）试漏。检查活塞处是否漏水，具体方法是：

a. 将活塞关闭，充满水至一定刻度，擦干滴管外壁。

b. 把滴定管直立夹在滴定管架上静置 10min，观察液面是否下降，滴定管下管口是否有液珠，活塞两端缝隙中是否渗水。

c. 若不漏水，将活塞转动 180°，静置 2min，按前述方法察看，是否漏水，若不漏水，且活塞转动灵活，涂油成功。否则，应再擦干活塞，重新操作，直至不漏水为止。

3）洗涤。具体方法是：

a. 酸式滴定管的外侧可用洗衣粉或洗洁精涮洗。

b. 管内无明显油污、不太脏的滴定管可直接用自来水冲洗，或用洗涤剂泡洗。若有油污不易洗净时，可用铬酸洗液洗涤。

c. 如果滴定管油垢较严重，将铬酸洗液充满滴定管，浸泡十几分钟或更长时间，甚至用温热洗液浸泡一段时间。放出洗液后，先用自来水冲洗，再用蒸馏水淋洗 3～4 次。

洗净的滴定管其内壁应完全被水润湿而不挂水珠。倒尽水并将滴定管倒置夹在滴定台上。

4）装溶液和赶气泡。

a. 润洗（见图 1.7.5）：为了除去滴定管内残留的水分，确保标准滴定溶液的浓度不变，应先用标准滴定溶液淋洗滴定管内壁 3 次以上，具体方法为：①每次用约 10mL 标准滴定溶液，从下口放出少量（约 1/3）以洗涤尖嘴部分；②然后关闭活塞横持滴定管并慢慢转动，使溶液与管壁处处接触，将溶液从管口倒出弃去。

图 1.7.5　润洗

尽量将管内溶液倒完后再进行下次洗涤，方法相同，但润洗液要从管尖处放出（不能从管口放出），如此洗涤 3 次后，即可装入标准滴定溶液。

b. 准备好滴定管即可装入标准滴定溶液（见图 1.7.6）。

图 1.7.6　装溶液

c. 装入标准溶液后，如发现管嘴处有气泡，应倾斜滴定管，调动活塞，赶走气泡（见图1.7.7）。

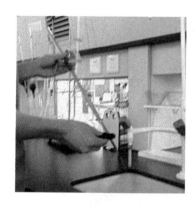

图 1.7.7　赶气泡

图 1.7.8　调零

5）调零（见图1.7.8）。

a. 加入标准滴定溶液至"0"刻度线以上。

b. 夹在滴定台上静置约1min，再调至"0"刻度处，读数时，手持在"0"刻度线以上部位，保持滴定管垂直，"0"刻度线和视线保持水平，慢慢转动旋（活）塞，放出溶液，使弯月面下缘刚好和"0"刻度线上缘相切。调好零点后，将滴定管夹在滴定台上备用。

6）滴定（见图1.7.9）。

使用酸式滴定管的操作，左手的大拇指从滴定管内侧，放在旋塞上中部，食指和中指从滴定管外侧，放在旋塞下面两端，手腕向外略弯曲（以防手心碰到活塞尾部而使活塞松动漏液），以控制活塞。

图 1.7.9　滴定

滴定前，观察液面是否在"0"刻度处，若滴定管内的液面不在"0"刻度处，则记下该读数（为滴定管初读数），若在"0"刻度，也做记录。最好能调至"0"刻度，可提高读数的准确性。用干燥、洁净的小烧杯的内壁碰一下悬在滴定管尖端的液滴（此操作一定要进行，管尖外的液滴是滴定管有效体积之外的，否则将产生误差）。

滴定时应注意以下几点：

a. 应使滴定管尖部分插入锥形瓶口（或烧杯口）下 1～2cm 处，滴定速度不能太快，以每秒 3～4 滴为宜或呈不连续液滴状落下，但不能呈连续直线状下落。

b. 边滴边摇动锥形瓶，摇动时锥形瓶时应按同一方向旋转摇动（不可左右或前后振动，否则会溅出溶液）；锥形瓶口应尽量不动，防止碰坏滴定管。

c. 溶液应直接落入锥形瓶溶液中，不可沿锥形瓶壁往下流动，否则会附着在瓶壁上不能及时与试液发生反应，而使滴定过量。

d. 临近终点时，应逐滴加入，然后半滴加入，将溶液悬挂在滴定管尖端，用锥形瓶的内壁靠下，用少量蒸馏水冲下，然后摇动锥形瓶，观察终点是否已到，如终点未到，继续靠加半滴标准滴定溶液，直至终点到达。

7）读数。为了正确读数，应遵守下列规则：

a. 注入溶液或放出溶液后，需等待 30s～1min 后才能读数，使附着在内壁上的溶液流下。

b. 滴定管应用拇指和食指拿住滴定管的上端（液面上方适当位置）使滴定管保持垂直后读数。

c. 初始读数应"0"刻度线位置。对于无色溶液或浅色溶液，应读弯月面下缘实线的最低点，读数时视线应与弯月面下缘实线的最低点相切，即视线与弯月面下缘实线的最低点在同一水平面上，如图 1.7.10 所示。初读数和终读数应用同一标准。颜色较深的有色溶液则读上线。

d. 滴定时，最好每次都从"0"刻度线开始，这样可减少测

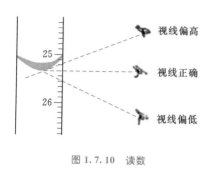

视线偏高

视线正确

视线偏低

图 1.7.10　读数

量误差，读数必须准确到 0.01mL。

（3）碱式滴定管的使用。

1）准备。选择一直径大小合适、圆滑的玻璃珠，置于长度适中、管内径合适的橡皮管，连接管尖和管身。

2）试漏。装蒸馏水至一定刻度线，擦干滴定管外壁，处理掉管尖处的液滴。把滴定管直立夹在滴定管架上静置 5min，观察液面是否下降，滴定管下管口是否有液珠，若漏水，则应调换胶管中的玻璃珠，选择一个大小合适且比较圆滑的配上再试。玻璃珠太小或不圆滑都可能漏水，太大则操作不方便。

3）洗涤。洗涤方法与酸式滴定管相似，但要注意，铬酸洗液不能直接接触胶管，否则胶管变硬损坏。可将胶管连同尖嘴部分一起拔下，滴定管下端套上一个滴瓶胶帽，然后装入洗液洗涤。

4）装溶液和赶气泡。装溶液方法同酸式滴定管，赶气泡方法和酸式滴定管不同，碱式滴定管的赶气泡方法将胶管向上弯曲，管尖要高于玻璃珠一定位置，玻璃珠下方的胶管应圆滑，必要时可倾斜滴定管，用力捏挤玻璃珠侧上方，使溶液从尖嘴喷出，以排出气泡，如图 1.7.11 所示。碱式滴定管中的气泡一般是藏在玻璃珠附近，必须对光检查胶管内气泡是否完全赶尽。

5）调零。方法同酸式滴定管。

6）滴定使用碱式滴定管的操作。左手的拇指在前，食指在

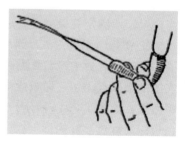

图 1.7.11　碱式滴定管赶气泡

后，捏住胶管中玻璃珠的一侧（建议在外侧）中间稍偏上处捏挤，使胶管与玻璃珠之间形成一条缝隙，溶液即可流出。但注意不能捏挤玻璃珠下方的胶管，否则松开手指后，有空气从管尖进入形成气泡，导致误差。通过控制捏挤的缝隙大小，控制滴定速度。其他要求同酸式滴定管。

7）读数。方法同酸式滴定管。

1.8 容量瓶

容量瓶是一种细颈梨形平底的容量器，表示在所指温度（一般指 20℃）下液体凹液面与容量瓶颈部的标线相切时，溶液体积恰好与瓶上标注的体积相等，用于配制准确的一定物质的量浓度的溶液。容量瓶上标有：温度、容量、刻度线（见图 1.8.1）。

图 1.8.1　容量瓶

1. 规格

容量瓶分无色和棕色两类（见图 1.8.2），其规格有 10mL、25mL、50mL、100mL、250mL、500mL、1000mL、2000mL。

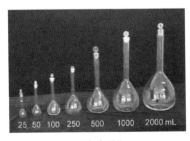

（a）无色容量瓶

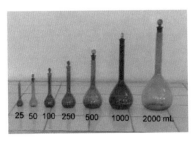

（b）棕色容量瓶

图 1.8.2　容量瓶规格及种类

图 1.8.3　检查容量瓶
是否漏水的方法

2. 使用方法

（1）使用前。在使用容量瓶之前，要先进行以下两项检查：

1）容量瓶容积与所要求的是否一致。

2）检查瓶塞是否严密，不漏水。方法是：在瓶中放水到标线附近，塞紧瓶塞，使其倒立 2min，用干滤纸片沿瓶口缝处检查，看有无水珠渗出。如果不漏，再把塞子旋转 180°，塞紧，倒置，试验这个方向有无渗漏，如图 1.8.3 所示。

（2）配制溶液。使用容量瓶配制溶液的方法是：

1）把准确称量好的固体溶质放在烧杯中，用少量溶剂溶解。然后把溶液沿玻璃棒转移到容量瓶里（见图 1.8.4）。为保证溶质能全部转移到容量瓶中，要用溶剂多次洗涤烧杯，并把洗涤溶液全部转移到容量瓶里。

2）向容量瓶内加入的液体液面离标线 1～2cm 处，放置 1～2min，再用滴管小心滴加，最后使液体的弯月面（凹液面）与刻度线正好相切，如图 1.8.5 所示。

图 1.8.4　向容量瓶中转移溶液

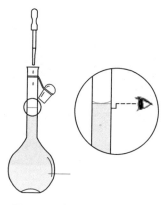

图 1.8.5　容量瓶的定容和看线

3）盖紧瓶塞，用倒转和摇动的方法使瓶内的液体混合均匀（见图 1.8.6）。

图 1.8.6　容量瓶中的溶液混合均匀

1.9　蒸发皿

蒸发皿是用于蒸发浓缩溶液或灼烧固体的器皿，口大底浅，有圆底无柄和平底有柄两种，主要用于溶液的蒸发、浓缩和结晶，也可用于 700℃ 以下灼烧物料。

1. 蒸发皿的种类和规格

蒸发皿按形状可分为圆底无柄蒸发皿和平底有柄蒸发皿（见图 1.9.1）。

常用规格有：15mL、30mL、60mL、100mL、250mL、500mL、1000mL。

图 1.9.1　蒸发皿

2. 蒸发皿的选择

根据液体的数量多少及操作要求选择相应的蒸发皿。

3. 蒸发皿的使用

（1）蒸发溶液时，一般放在石棉网上加热。

（2）先将盛有溶液的蒸发皿放在电炉上后，再开始通电加热。

（3）蒸发较多溶液时可直接加热。

4. 注意事项

（1）液体量以不超过蒸发皿深度的 2/3 为宜。

（2）蒸发皿能耐高温，但不宜骤冷骤热。

（3）加热蒸发皿时要不断地用玻璃棒搅拌，防止液体局部受热四处飞溅。

（4）加热时，应先用小火预热，再用大火加强热。

（5）大量固体析出后就熄灭酒精灯，用余热蒸干剩下的水分。

（6）应使用坩埚钳取放蒸发皿，要使用预热过的坩埚钳取拿热的蒸发皿。

（7）加热后不能直接放到实验桌上，应放在石棉网上，以免烫坏实验桌。

1.10 干燥器

干燥器是保持试剂干燥的容器，由厚质玻璃制成。其上部是一个磨口的盖子（磨口上涂有一层薄而均匀的凡士林），中部有一个有孔洞的活动瓷板，瓷板下放有干燥的氯化钙或硅胶等干燥剂，瓷板上放置装有需干燥存放的试剂的容器。

开启干燥器时，左手按住下部，右手按住盖子上的圆顶，沿水平方向向左前方推开器盖。盖子取下后应放在桌上安全的地方（注意要磨口向上，圆顶朝下），用左手放入或取出物体，如坩埚或称量瓶，并及时盖好干燥器盖。加盖时，也应当拿住盖子圆顶，沿水平方向推移盖好，如图 1.10.1 所示。

图 1.10.1 干燥器的开启   图 1.10.2 干燥器的搬动

搬动干燥器时，应用两手的大拇指同时将盖子按住，以防盖子滑落而打碎（见图 1.10.2）。当坩埚或称量瓶等放入干燥器时，应放在瓷板圆孔内。但称量瓶若比圆孔小时则应放在瓷板上。温度很高的物体必须冷却至室温或略高于室温，方可放入干燥器内。

1.11 称量瓶

称量瓶是一种磨口塞的筒形的玻璃瓶，用于差减法称量试样的容器。

1. 称量瓶的种类和规格

称量瓶的种类包括：

高型：规格有：25×25mL、25×40mL、30×50mL、30×60mL、35×70mL、40×70mL。

扁型：规格有：40×25mL、50×30mL、60×30mL、70×30mL（见图 1.11.1）。

2. 称量瓶的用途

称量瓶用于盛放需准确称量或少量需干燥后准确称量的固体物质。

3. 称量瓶的选择

根据所需称量的固体物质的数量和称样个数，选择合适规格

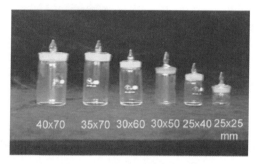

（a）高型称量瓶

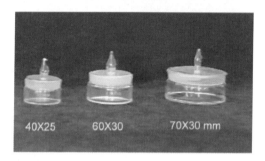

（b）扁型称量瓶

图 1.11.1　称量瓶

的称量瓶。称样量较大和称样次数较多时，可选择规格较大一些
的称量瓶，反之，称样量较少且称样次数又不多时，可选择规格
较小一些的称量瓶。一般情况下，称量操作应选用 25mm ×
40mm 的高型称量瓶，使用比较方便；干燥样品时，一般选用扁
型称量瓶。

4. 称量瓶的使用

（1）洗净并烘干称量瓶，放置在干燥器中备用。

（2）称量瓶的使用。

1）用洁净纸条叠成 1cm 宽纸带套住称量瓶中部，手拿住纸
带尾部，取出称量瓶，或带上清洁薄尼龙手套拿取称量瓶，如图
1.11.2 所示。

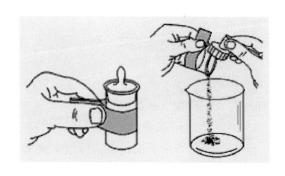

图 1.11.2 称量瓶的使用

2）用小纸片夹住瓶盖柄，打开瓶盖，将稍多于需要量的试样用牛角匙加入称量瓶中，盖上瓶盖，于天平中称量。

3）用纸带将称量瓶从天平上取下，拿到接受容器上方，用纸片夹住盖柄，打开瓶盖（盖亦不要离开接受器口上方），将瓶身慢慢向下倾斜，用瓶盖轻敲瓶口内边缘，使试样落入容器中，接近需要量时，一边继续用盖轻敲瓶口，一边逐步将瓶身竖直，使粘在瓶口附近的试样落入瓶中，盖好瓶盖，放回天平盘，取出纸带，称其质量。量不够时，继续按上述方法进行操作，直至称够所需的物质为止。

4）称量完毕后，将称量瓶放回原干燥器中。

5. 注意事项

（1）称量瓶的盖子是磨口配套的，不得丢失、弄乱。

（2）洗净烘干或已盛有试样的称量瓶除放在干燥器、称盘上外，不得放在其他地方，以免沾污。

（3）粘在瓶口上的试样应敲回瓶中，以免粘在盖上丢失。

（4）称量瓶使用前应洗净烘干，不用时应洗净，在磨口处垫一小纸，以方便打开盖子。

1.12　玻璃器皿的洗涤与干燥

不同的分析工作有不同的仪器洗净要求，这里以一般定量化学分析为主介绍仪器的洗涤方法。

1. 洁净剂及使用范围

最常用的洁净剂是肥皂、肥皂液（特制商品）、洗衣粉、去污粉、洗液、有机溶剂等。

（1）肥皂、肥皂液、洗衣粉、去污粉用于可以用刷子直接刷洗的仪器，如烧杯、三角瓶、试剂瓶等。

（2）洗液多用于不便用刷子洗刷的仪器，如滴定管、移液管、容量瓶、蒸馏器等特殊形状的仪器，也用于洗涤长久不用的杯皿器具和刷子刷不下的结垢。用洗液洗涤仪器，需要浸泡一定的时间，充分作用。

（3）有机溶剂是针对污物属于某种类型的油腻性，如甲苯、二甲苯、汽油等可以洗油垢，酒精、乙醚、丙酮可以冲洗刚洗净而带水的仪器。

2. 洗涤液的制备及使用注意事项

洗涤液简称洗液，根据不同的要求有各种不同的洗液。将较常用的几种介绍如下。

（1）强酸氧化剂洗液。强酸氧化剂洗液是用重铬酸钾（$K_2Cr_2O_7$）和浓硫酸（H_2SO_4）配成，这种洗液在实验室内使用最广泛。

配制方法：配制浓度各有不同，从 $5\%\sim12\%$ 的各种浓度都有。配制方法大致相同：取一定量的 $K_2Cr_2O_7$（工业品即可），先用约 $1\sim2$ 倍的水加热溶解，稍冷后，将工业品浓 H_2SO_4 所需体积数徐徐加入 $K_2Cr_2O_7$ 水溶液中（千万不能将水或溶液加入 H_2SO_4 中），边倒边用玻璃棒搅拌，并注意不要溅出，混合均匀，待冷却后，装入洗液瓶备用。新配制的洗液为红褐色，氧化能力很强。当洗液用久后变为黑绿色，即说明洗液无氧化洗涤力。

例如，配制 12% 的洗液 500mL。取 60g 工业品 $K_2Cr_2O_7$ 置于 100mL 水中（加水量不是固定不变的，以能溶解为度），加热溶解，冷却，缓慢加入浓 H_2SO_4 340mL，边加边搅拌，冷后装瓶备用。

使用方法：将洗液倒入要洗的仪器中，使仪器周壁全浸洗后稍停一会再倒回洗液瓶。第一次用少量水冲洗刚浸洗过的仪器后，废水不要倒在水池里和下水道里，应倒在废液缸中，缸满后倒在垃圾里，如果无废液缸，倒入水池时，要边倒边用大量的水冲洗。注意：在使用时要切实注意不能溅到身上，以防"烧"破衣服和损伤皮肤。

（2）碱性洗液。碱性洗液用于洗涤有油污物的仪器，用此洗液是采用长时间（24h以上）浸泡法，或者浸煮法。从碱洗液中捞取仪器时，要戴乳胶手套，以免烧伤皮肤。

常用的碱洗液有：碳酸钠液（Na_2CO_3，即纯碱）、碳酸氢钠（$NaHCO_3$，小苏打）、磷酸钠（Na_3PO_4，磷酸三钠）液、磷酸氢二钠·（Na_2HPO_4）液等。

（3）碱性高锰酸钾洗液。用碱性高锰酸钾作洗液，作用缓慢，适合用于洗涤有油污的器皿。配法：取高锰酸钾（$KMnO_4$）4g加少量水溶解后，再加入10％氢氧化钠（$NaOH$）100mL。

（4）纯酸纯碱洗液。根据器皿污垢的性质，直接用浓硫酸（HCl）或浓硫酸（H_2SO_4）、浓硝酸（HNO_3）浸泡或浸煮器皿（温度不宜太高，否则浓酸挥发刺激人）。纯碱洗液多采用10％以上的浓烧碱（$NaOH$）、氢氧化钾（KOH）或碳酸钠（Na_2CO_3）液浸泡或浸煮器皿（可以煮沸）。

（5）有机溶剂。带有脂肪性污物的器皿，可以用汽油、甲苯、二甲苯、丙酮、酒精、三氯甲烷、乙醚等有机溶剂擦洗或浸泡。但使用有机溶剂作为洗液浪费较大，能用刷子洗刷的大件仪器尽量采用碱性洗液。只有无法使用刷子的小件或特殊形状的仪器才使用有机溶剂洗涤，如活塞内孔、移液管尖头、滴定管尖头、滴定管活塞孔、滴管、小瓶等。

（6）洗消液。检验致癌性化学物质的器皿，为了防止对人体的侵害，在洗刷之前应使用对这些致癌性物质有破坏分解作用的洗消液进行浸泡，然后再进行洗涤。

经常使用的洗消液有：2％次氯酸钠（$NaOCl$）溶液、20％硝酸（HNO_3）和2％高锰酸钾（$KMnO_4$）溶液。

20％硝酸（HNO_3）溶液和2％高锰酸钾（$KMnO_4$）溶液对苯并（a）芘有破坏作用，被苯并（a）芘污染的玻璃仪器可用20％硝酸（HNO_3）浸泡24h，取出后用自来水冲去残存酸液，再进行洗涤。被苯并（a）芘污染的乳胶手套及微量注射器等可用2％高锰酸钾（$KMnO_4$）溶液浸泡2h后，再进行洗涤。

3. 洗涤玻璃仪器的步骤与要求

（1）应首先将手用肥皂洗净，以免手上的油污附在仪器上，增加洗刷的困难。

（2）仪器长久存放附有尘灰，先用清水冲去，再按要求选用洁净剂洗刷或洗涤。

（3）如用去污粉，将刷子蘸上少量去污粉，将仪器内外全刷一遍，再边用水冲边刷洗至肉眼看不见有去污粉时，用自来水洗3～6次，再用蒸馏水冲3次以上。

（4）一个洗干净的玻璃仪器，应该透明，其内壁应该能被水均匀润湿而不挂水珠。如仍能挂住水珠，仍然需要重新洗涤。用蒸馏水冲洗时，要用顺壁冲洗方法并充分震荡，经蒸馏水冲洗后的仪器，用指示剂检查应为中性。

以洗涤试管为例，说明玻璃器皿的洗涤。

1）用水洗涤：在试管内装入约1/4的水，摇荡片刻，倒掉，再装水摇荡，倒掉，如此反复操作数次，若管壁能均匀地被水所润湿而不沾附水珠，则可认为基本上已洗涤洁净。洗涤时也可使用试管刷。刷洗时，注意所用的试管刷前部的毛应是完整的，先将它捏住后放入管内，以免试管刷的铁丝顶端将试管戳破。

2）按上法洗净后，需再用去离子水（或蒸馏水）洗涤，以除去沾附在器壁上的自来水。洗涤的方法一般是从洗瓶向仪器内壁挤入少量水，同时转动仪器或变换洗瓶水流方向，使水能充分淋洗内壁，每次用水量不需太多。如此洗涤2～3次后，即可使用。

3）用去污粉、肥皂或洗涤剂洗：如果仪器沾污得很厉害，可先用洗洁精等洗涤液处理，或者用去污粉刷洗（但不要用去污粉刷洗有刻度的量器，以免擦伤器壁）。然后用自来水冲洗干净，最后再用去离子水冲洗仪器 2～3 次。

4）用洗液洗：如洗涤剂仍不能将污物去除，可采用铬酸洗液。一般可将需要洗涤的仪器浸泡在热的（70℃左右）洗液中约十几分钟，取出后，再用水冲洗。这种洗液用过后如果不显绿色（Cr^{2+} 离子的颜色），一般仍旧倒回原瓶再用，不要随便废弃。铬酸洗液有强烈的腐蚀性，使用时必须小心，防止它溅在皮肤或衣服上。有油渍的仪器可先用热的氢氧化钠或碳酸钠溶液处理。

5）对于一些不溶于水的沉淀垢迹，需根据其性质，选用适当的试剂，通过化学方法除去。

4. 玻璃仪器的干燥

做实验应经常要用到的仪器应在每次实验完毕后洗净干燥备用。用于不同实验对干燥有不同的要求，一般定量分析用的烧杯、锥形瓶等仪器洗净即可使用。

（1）晾干。不急等用的仪器，可在蒸馏水冲洗后在无尘处倒置处控去水分，然后自然干燥。可用安有木钉的架子或带有透气孔的玻璃柜放置仪器。

（2）烘干。洗净的仪器控去水分，放在烘箱内烘干，烘箱温度为 105～110℃烘 1h 左右，也可放在红外灯干燥箱中烘干。此法适用于一般仪器。称量瓶等在烘干后要放在干燥器中冷却和保存。带实心玻璃塞的及厚壁仪器烘干时要主义慢慢升温并且温度不可过高，以免破裂。量器不可放于烘箱中烘。

硬质试管可用酒精灯加热烘干，要从底部烤起，把管口向下，以免水珠倒流把试管炸裂，烘到无水珠后把试管口向上赶净水气。

（3）热（冷）风吹干。对于急于干燥的仪器或不适于放入烘箱的较大的仪器可用吹干的办法。通常用少量乙醇、丙酮（或最后再用乙醚）倒入已控去水分的仪器中摇洗，然后用电吹风机吹，开始用冷风吹 1～2min，当大部分溶剂挥发后吹入热风至完全干燥，再用冷风吹去残余蒸汽，不使其又冷凝在容器内。

第2章 常用设备

2.1 实验室常用加热设备及使用方法

实验中常用的加热设备有：酒精灯、电炉、电热板、电热恒温水浴锅。

图 2.1.1 酒精灯

（1）酒精灯。酒精灯一般是玻璃制的，由灯帽、灯芯、灯壶三部分组成（见图 2.1.1）。其灯焰温度通常可达 400~500℃，外焰最高，内焰次之，焰心最低。酒精灯用于温度不需太高的实验，点燃时，切勿用点燃的酒精灯直接点火；添加酒精时，必须将火焰熄灭，且加入的量不能超过灯容量的 2/3；熄灭酒精灯时必须用灯罩罩熄，切勿用嘴去吹，如图 2.1.2 所示。

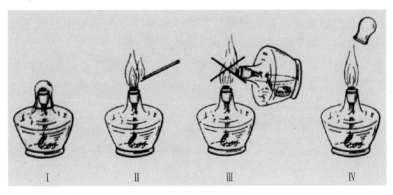

Ⅰ Ⅱ Ⅲ Ⅳ

图 2.1.2 酒精灯的使用

（2）电炉。电炉种类很多，通常实验室用的是电炉丝的（见图 2.1.3）。电炉的优点是加热面积大，受热均匀，温度可以控制。使用时需注意防止电路短路，小心触电，不要把热物品溅在电炉丝上，以免电路损坏。

（3）电热板。电热板和电炉使用方法大体相同，它比电炉受热更均匀，烧杯等一些器皿可直接放在上面加热（见图 2.1.4）。

图 2.1.3 电炉

图 2.1.4 电热板

（4）电热恒温水浴锅。电热恒温水浴锅有两孔、四孔、六孔等不同规格。其构造分内外两层，如图 2.1.5 所示，用作蒸发和恒温加热。使用时，切记水位一定不得低于电热管，否则将立即烧坏电热管。注意防潮，且随时检查水浴锅是否有渗漏现象。使用方法见各仪器说明书。

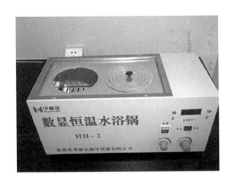

图 2.1.5 电热恒温水浴锅

2.2 pH 计

pH 计是一种常用的仪器设备，主要用于精密测量液体介质的酸碱度值，如图 2.2.1 所示。

1. 调试

实验室常用的 pH 计有国产雷磁 25 型酸度计（最小分度 0.1 单位）和 pHS－2 型酸度计（最小分度 0.02 单位）。

首先阅读仪器使用说明书，接通电源，安装电极。

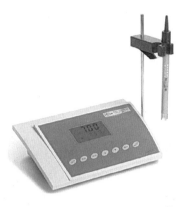

图 2.2.1　pH 计

在小烧杯中加入 pH 值为 7.0 的标准缓冲液，将电极浸入，轻轻摇动烧杯，使电极所接触的溶液均匀。

按不同的 pH 计所附的说明书读取溶液的 pH 值，校对 pH 计，使其读数与标准缓冲液（pH7.0）的实际值相同并稳定；然后再将电极从溶液中取出并用蒸馏水充分淋洗，将小烧杯中换入 pH4.01 或 0.01 的标准缓冲液，把电极浸入，重复上述步骤使其读数稳定。这样就完成了二重点校正。

校正完毕，用蒸馏水冲洗电极和烧杯。校正后切勿再旋转定位调节器，否则必须重新校正。

2. 使用

使用前必须调节温度调节器或斜率调节旋钮。

测量过程：

（1）先用蒸馏水冲洗两电极，用滤纸轻轻吸干电极上残余的溶液，或用待测液洗电极。

（2）将电极浸入盛有待测溶液的烧杯中，轻轻摇动烧杯，使溶液均匀，按下读数开关，指针所指的数值即为待测溶液的 pH 值，重复几次，直到数值不变（数字式 pH 计在约 10s 内数值变化少于 0.01pH 值时），表明已达到稳定读数。

（3）测量完毕，关闭电源，冲洗电极，玻璃电极要浸泡在蒸馏水中。

2.3 电子分析天平

电子分析天平一般是指能精确称量到 0.0001g（0.1mg）的天平，如图2.3.1所示。分析天平的种类较多：机械式、电子式、手动式、半自动式、全自动式等。目前较常用的是电子式分析天平。

图 2.3.1 电子分析天平

1. 电子分析天平使用方法

（1）检查并调整天平至水平位置，此时液泡处于正中间位置（见图2.3.2）。

图 2.3.2 调节水平

（2）预热。接通电源，预热至规定时间，一般为 30min（见图 2.3.3）。

图 2.3.3　开启预热

（3）预热足够时间后开启显示器，天平则自动进行灵敏度及零点调节。

（4）校准。天平安装后，第一次使用前，应对天平进行校准。本天平采用外校准（有的电子天平具有内校准功能），由 TAR 键清零及 CAL 键、100g 校准砝码完成。

（5）称量（见图 2.3.4）。称量时将洁净称量瓶或称量纸置于称盘上，关上侧门，轻按一下去皮键，天平将自动校对零点，然后逐渐加入待称物质，直到所需质量为止。

（6）称量结束应及时移去称量瓶（纸），关上侧门，切断电源，并做好使用情况登记。

2. 称量方法

（1）直接称量法：所称固体试样如果没有吸湿性并在空气中是稳定的，可用直接称量法。先在天平上准确称出洁净容器的质量，然后用药匙取适量的试样加入容器中，称出它的总质量。这两次质量的数值相减，就得出试样的质量。

（2）减量法：在分析天平上称量一般都用减量法。先称出试

图 2.3.4　称量

样和称量瓶的精确质量，然后将称量瓶中的试样倒一部分在待盛药品的容器中，到估计量和所求量相接近。倒好药品后盖上称量瓶，放在天平上再精确称出它的质量。两次质量的差数就是试样的质量。如果一次倒入容器的药品太多，必须弃去重称，切勿放回称量瓶。如果倒入的试样不够可再加一次，但次数宜少。

　　3. 天平使用注意事项

　　（1）天平室内保持干燥整洁，避免阳光晒射，框罩内应放置硅矾干燥剂。

　　（2）被称物体应放在秤盘中央，不得超过天平最大称量。

　　（3）过冷或过热且含有挥发性及腐蚀性的物体，不可放入天平内称量。

　　（4）天平使用完毕后，关闭电源，并将天平用套子罩上。

　　（5）天平不得随意搬动。若确实需要搬动，实行搬动后需重新调整水平。

2.4　分光光度计

　　分光光度计就是利用分光光度法对物质进行定量定性分析的

仪器（见图 2.4.1）。

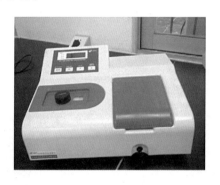

图 2.4.1　分光光度计

1. 分光光度定义

分光光度法则是通过测定被测物质在特定波长处或一定波长范围内光的吸收度，对该物质进行定性和定量分析。常用的波长范围为：①200～400nm 的紫外光区；②400～760nm 的可见光区；③2.5～25μm（按波数计为 4000cm〈-1〉～400cm〈-1〉）的红外光区。所用仪器为紫外分光光度计、可见光分光光度计（或比色计）、红外分光光度计或原子吸收分光光度计。

2. 仪器组成

仪器主要由光源、单色器、样品池、检测器、信号处理器，以及显示与存储系统组成，示意图如图 2.4.2 所示。

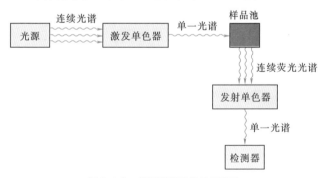

图 2.4.2　分光光度计组成示意图

3. 操作方法

（1）接通电源，打开仪器开关，掀开样品室暗箱盖，预热10min（按仪器说明进行）。

（2）根据所需波长转动波长选择钮，如图2.4.3所示。

图2.4.3　选择波长

（3）将空白液及测定液分别倒入比色杯3/4处，用擦镜纸擦清外壁（见图2.4.4），放入样品室内，使空白管对准光路。

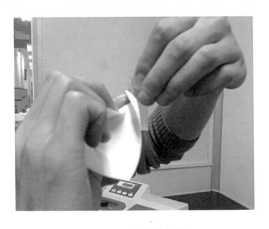

图2.4.4　擦拭比色皿

（4）在暗箱盖开启状态下调节零点调节器，使读数盘指针指向 $t=0$ 处（见图 2.4.5）。

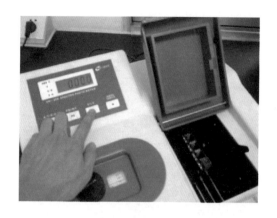

图 2.4.5 分光光度计的校准（1）

图 2.4.6 分光光度计的校准（2）

（5）盖上暗箱盖，调节"100"调节器，使读数盘指针指向 $t=100$ 处（见图 2.4.6）。

（6）稳定后，对待测水样进行测定（见图 2.4.7）。

（7）比色完毕，关上电源，取出比色皿洗净，样品室用软布或软纸擦净。

图 2.4.7　待测溶液的测定

4. 分光光度计使用注意事项

（1）本仪器应放在干燥的房间内，使用时放置在坚固平稳的工作台上，室内照明不宜太强。热天时不能用电扇直接向仪器吹风，防止灯泡灯丝发亮不稳定。

（2）使用本仪器前，使用者应该首先了解本仪器的结构和工作原理，以及各个操纵旋钮之功能。在未按通电源之前，应该对仪器的安全性能进行检查，电源接线应牢固，通电也要良好，各个调节旋钮的起始位置应该正确，然后再按通电源开关。

（3）在仪器尚未接通电源时，电表指针必须于"0"刻度线上，若不是这种情况，则可以用电表上的校正螺丝进行调节。

2.5　光学显微镜

显微镜是由一个透镜或几个透镜的组合构成的一种光学仪器，如图 2.5.1 所示主要用于放大微小物体成为人的肉眼所能看到的

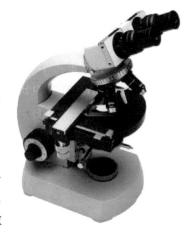

图 2.5.1　显微镜

仪器。显微镜分为光学显微镜和电子显微镜，普遍而常用的是光学显微镜。现在的光学显微镜可把物体放大 1600 倍，分辨的最小极限达 0.1μm。

1. 结构

普通光学显微镜的构造（见图 2.5.2）。主要分为 3 部分：机械部分、照明部分和光学部分。

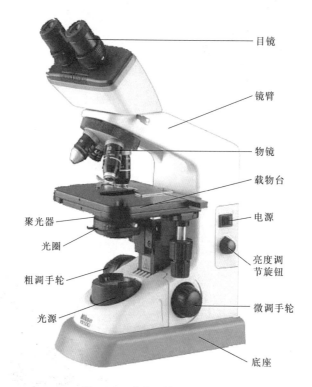

图 2.5.2　普通光学显微镜的构造

2. 使用规程

（1）实验时要把显微镜放在桌面上稍偏左的位置，镜座应距桌沿 6～7cm。

（2）打开光源开关，调节光强到合适大小。

（3）转动物镜转换器，使低倍镜头正对载物台上的通光孔。

先把镜头调节至距载物台1～2cm处，然后用左眼注视目镜内，接着调节聚光器的高度，把孔径光阑调至最大，使光线通过聚光器射入到镜筒内，这时视野内呈明亮的状态。

（4）将所要观察的玻片放在载物台上，使玻片中被观察的部分位于通光孔的正中央，然后用标本夹夹好载玻片。

（5）先用低倍镜观察（物镜10×、目镜10×）。观察之前，先转动粗动调焦手轮，使载物台上升，物镜逐渐接近玻片。需要注意的是，不能使物镜触及玻片，以防镜头将玻片压碎。然后，左眼注视目镜内，同时右眼不要闭合（要养成睁开双眼用显微镜进行观察的习惯，以便在观察的同时能用右眼看着绘图），并转动粗动调焦手轮，使载物台慢慢下降，不久即可看到玻片中材料的放大物像。

（6）如果在视野内看到的物像不符合实验要求（即物像偏离视野），可慢慢调节载物台移动手柄。调节时应注意，玻片移动的方向与视野中看到的物像移动的方向正好相反。如果物像不甚清晰，可以调节微动调焦手轮，直至物像清晰为止。

（7）如果进一步使用高倍物镜观察，应在转换高倍物镜之前，把物像中需要放大观察的部分移至视野中央（将低倍物镜转换成高倍物镜观察时，视野中的物像范围缩小了很多）。一般具有正常功能的显微镜，低倍物镜和高倍物镜基本齐焦，在用低倍物镜观察清晰时，换高倍物镜应可以见到物像，但物像不一定很清晰，可以转动微动调焦手轮进行调节。

（8）在转换高倍物镜并且看清物像之后，可以根据需要调节孔径光阑的大小或聚光器的高低，使光线符合要求（一般将低倍物镜换成高倍物镜观察时，视野要稍变暗一些，所以需要调节光线强弱）。

（9）观察完毕，应先将物镜镜头从通光孔处移开，然后将孔径光阑调至最大，再将载物台缓缓落下，并检查零件有无损伤（特别要注意检查物镜是否沾水沾油，如沾了水或油要用镜头纸擦净），检查处理完毕后即可装箱。

3. 显微镜的保养

（1）显微镜在从木箱中取出或装箱时，右手紧握镜臂，左手稳托镜座，轻轻取出。不要只用一只手提取，以防显微镜坠落，然后轻轻放在实习台上或装入木箱内。

（2）显微镜放到实习台上时，先放镜座的一端，再将镜座全部放稳，切不可使镜座全面同时与台面接触，这样震动过大，透镜和微调节器的装置易损坏。

（3）显微镜须经常保持清洁，勿使油污和灰尘附着。如透镜部分不洁时，用擦镜纸轻擦，如有油污，先将擦镜纸蘸少许二甲苯拭去，不能乱用他物擦拭，更不能用手指触摸。

（4）显微镜不能在阳光下暴晒和使用。保持显微镜的干燥、清洁，避免灰尘、水及化学试剂的沾污。

（5）接目镜和接物镜不要随便抽出和卸下，必须抽取接目镜时，须将镜筒上口净用布遮盖，避免灰尘落入镜筒内。更换接物镜时，卸下后应倒置在清洁的台面下，并随即装入木箱的置放接物镜的管内。

（6）切勿随意转动调焦手轮。使用微动调焦旋钮时，用力要轻，转动要慢，转不动时不要硬转。使用高倍物镜时，勿用粗动调焦手轮调节焦距，以免移动距离过大，损伤物镜和玻片。

（7）不得任意拆卸显微镜上的零件，严禁随意拆卸物镜镜头，以免损伤转换器螺口，或螺口松动后使低高倍物镜转换时不齐焦。

（8）显微镜用完后，取下标本片，经聚光器降下，再将物镜转成"八"字形，转动粗调节器使镜筒下降，以免接物镜与聚光器相碰。

2.6　微生物指标检测用其他仪器设备介绍

1. 无菌实验室

（1）对无菌实验室的要求。

1）细菌监测实验室应有良好的通风，但要避免灰尘、穿堂风和温度的急骤变化。

2）细菌监测实验室要有准备室和供应室，专供制备培养基和对培养基、玻璃器皿以及使用器材进行洗刷、消毒和灭菌用。

3）工作台应足够宽敞。台面应是惰性材料制成，光滑而不透水，并能抗腐蚀，无接缝（或少接缝）。照明要均匀而不炫目。

4）墙壁最好刷漆覆盖，以便于清洗和消毒。地板应使用光滑的易刷洗而不透水的材料。

5）室内空气要保持清洁。经常清洗台、厨及各种设施，用消毒液擦洗，切忌冲洗或干拭。实验台使用前后都应消毒，必须保持室内整洁。

6）要分工明确，各司其职。对化验员要进行基本操作和专业理论的训练。业务负责人应定期检查样品的采集和存取、培养基和玻璃仪器的准备及灭菌、例行的实验步骤、细菌计数、数据处理等，以便随时发现问题并妥善解决。

（2）无菌实验室的操作要求。

1）进无菌室前应开紫外杀菌灯照射 30～60min，关闭紫外杀菌灯后再入内工作。

2）进无菌室时，应在缓冲间更换工作衣、帽（不得露发）及鞋，戴好口罩，用 3％来苏液或 1：1000 新洁儿灭（医用消毒剂）溶液浸泡双手 5min。

3）同时进入同一无菌室的操作人员不得超过 3 人。

4）在无菌室内任何物品都不准入口，并应尽量减少走动。

5）无菌室内应备有盛装消毒液的标本缸和酒精棉球。被污染的器皿应放入消毒缸内。

6）接种致病菌时，应在台面上铺衬经来苏液浸泡过的纱布，以免菌液飞溅造成污染。

7）每次工作前后要用来苏液擦拭台面和地面。工作完毕离开无菌室应再开紫外杀菌灯照射 30～60min。

8）每周彻底清扫无菌室一次。

另外对细菌检测中常用的设备、仪器及材料等，要定期进行校验，以确保符合使用要求。

2. 温度计

温度计或温度记录器每年至少校准一次，校验的数据要记载在专用记录本上。在培养箱、冰箱和恒温水浴上使用的温度计，最好能符合国家标准。

3. 天平

天平的使用、校验等，参照2.3节内容。

4. 电热干燥箱

电热干燥箱（见图2.6.1）每半年校验一次，要用能在160～180℃时准确显示温度的温度计进行校验。

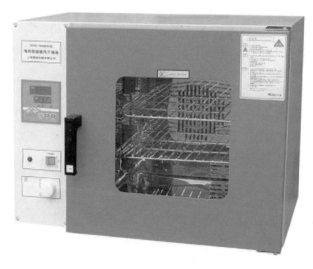

图2.6.1　电热干燥箱

5. 高压蒸汽灭菌器

常用的高压蒸汽灭菌器有手提式和立式两种。手提式高压蒸汽灭菌器使用方便，适于一般监测实验室使用；立式高压蒸汽灭菌器如图2.6.2所示。

对于高压蒸汽灭菌器，要根据使用的频繁程度进行定期检验。检验的内容为灭菌温度和灭菌效果。

灭菌效果的检验有生物法、化学法和温度计法。

1）生物法。将有芽孢的枯草杆菌放在培养皿内，用纱布包好，按常法灭菌。灭菌后置培养箱内培养。若不长菌即表示灭菌效果良好。

2）化学法。可用硫磺粉或变色指示管检验。

a. 硫磺粉法。硫磺粉的熔点为119.3℃；用以检查灭菌效果时，可取少量硫磺粉和苯胺染料（复红、沙工、煌绿等）混合后一并封于安瓿内。将安瓿加载要灭菌的物品内进行常规灭菌。灭菌

图2.6.2 立式高压蒸汽灭菌器

后取出观察，如硫磺粉溶解并染上颜色，表示灭菌温度已达到或者超过它的熔点。

b. 变色指示管法。取碘及碘化钾各0.5g、淀粉25g，加水至300mL，调成糊状。将滤纸条浸入，取出后干燥。将此滤纸条封于安瓿中，按常规方法与要灭菌的物品共同灭菌，灭菌后，若滤纸条由蓝变白，即表示灭菌温度已达115℃。

3）温度计法。用一支150℃的水银截点温度计，用前将水银柱甩至100℃以下。插入要灭菌的物品层内，按常法灭菌。灭菌后观察温度计指示的温度，如已达到121℃，表示灭菌效果良好。

6. 冰箱

每天检查并记录冰箱温度，早、晚各一次。每月清洁冰箱一次，必要时应除霜。存放在冰箱内的物品要标注名称和日期。每季整理冰箱内容物一次，取出存放过久和无用的物品。

7. 紫外杀菌灯

每月用浸湿乙醇的软布擦拭一次。每季用布有 200~250 个菌的琼脂平皿在紫外杀菌灯下暴露 2min，如不能杀灭 99% 的细菌，即应更换新灯。

图 2.6.3 生化培养箱

8. 生化培养箱

生化培养箱最好放置在 16~27m^2 的房间内（见图 2.6.3）。每天早、晚记录培养架上使用部位的温度各一次。

9. 显微镜

光学显微镜的使用和校验请参照 2.5 节的内容。

10. 玻璃仪器

通用的一般玻璃仪器及其洗涤法如第 1.12 节所述，下面只介绍细菌监测实验室使用的玻璃仪器及其洗涤方法。

（1）常用玻璃仪器。细菌监测实验室常用的玻璃仪器是硼硅玻璃制品，必须能耐热耐蒸压。

1）吸管。能准确、快速地流出所需液量，每批校准误差不得超过 1%，具有清晰的分度喝完整的尖端。所有吸管的上端，要用少量棉花填塞，要求松紧适度。

2）培养皿。有平皿，直径 90mm 或 100mm，底皿高度为 15~16mm，应平整光滑，不得有气泡和划痕，不合要求的要剔除。

3）发酵管。在大试管中倒置一只小套管。

4）试管。水样量为 10mL 时，试管应为 200mm×25mm；水样量为 1mL 时，试管为 150mm×15mm。

5）套管。用杜汉氏小玻璃管或自制小套管。自制套管要求

48

为 35mm×6mm，封闭端应逐个检查，不得漏气。

（2）玻璃仪器的洗涤。

1）新购置的玻璃仪器先用 2%盐酸浸泡数小时，用自来水充分冲洗干净，再用蒸馏水冲 1～2 次，并控干水。

2）不能用有腐蚀性的化学药剂洗涤，也不能用硬度比玻璃更大的物品擦拭。

3）凡被细菌污染的玻璃仪器，必须先经消毒、灭菌处理后，再用肥皂水刷洗，最后用清水冲净。

4）凡粘有油脂的玻璃仪器，应先去脂再洗涤。

（3）玻璃仪器洗涤效果的检查。用以洗涤玻璃仪器的某些洗涤可能含有抑菌物质，必须多次冲洗才能清楚干净。用下述方法检查洗涤效果：

1）试验步骤。将按常规洗涤法洗净的 6 副平皿作为 A 组。另取 6 副平皿按常规法洗涤后，再反复用蒸馏水冲洗 1～2 次，作为 B 组。再用洗涤剂溶液（一般浓度）冲洗 6 副平皿，不再进行其他的冲洗，任其干燥，作为 C 组。

在各组平皿的每一副内加入不超过 1mL 的水样，以能产生 50～150 个菌落为宜。按标准平皿计数的步骤进行试验（如不能知水样的细菌数，可向每组平皿中的 3 副各接种 0.1mL 水样，另 3 副各接种 0.1mL 水样）。

2）结果的判断。计算 A、B、C 各组平皿所得菌落的平均值。差异小于 15%，表示该洗涤剂无毒性或无抑菌物质。A 组、B 组细菌落数的差异大于或等于 15%，说明有抑菌残余物沾附在 A 组平皿上。如 A 组、B 组的菌落数差异小于或等于 15%，而 A 组、C 组的菌落数差异大于或等于 15%，这表明洗涤剂有抑菌物质，但可用常规洗涤法清除。

11. 滤膜

滤膜上孔径为 $0.45\mu m \pm 0.02\mu m$ 的孔隙必须均匀分布。过滤装置必须能定量地截留细菌，而本身既不含有抑制或刺激细菌生长的物质，又不含有直接或间接干扰培养基中检验细菌的指示物质。滤膜必须能够耐受蒸汽的灭菌而不受影响。

为了保证质量控制的效果，对每批滤膜在用前和试验中应做检查。应保证滤膜是固形盘面，具有柔韧性，高压灭菌后，滤膜不得发生曲变。培养后，滤膜上应配形成良好的菌落，其颜色和形状应清新并合乎规定，均匀地分布在滤膜上。

12. 接种环和接种针

（1）接种环和接种针（见图 2.6.4），长度为 5～6cm，应使用硬度适中的镍铬合金制备。

（2）接种环的环部应为圆形，直径 3mm，无缝隙，在液面轻沾溶液时可形成满环。

（3）接种针应挺直，无端无钩。

图 2.6.4　接种针和接种环

13. 纯水

细菌监测用水的纯度应符合表 2.6.1 给出的各项指标值。

14. 试剂

试剂中的不纯物能抑制或促进细菌的生长，因此必须使用合格的试剂。

15. 培养基

培养基的配制方法以标准检验方法中规定的配制方法为准。在购入和配制培养基时应注意以下方面的问题。

（1）在购入和保存培养基时应注意的问题。

1）培养基购入的数量要适当，不能大量购入久存不用。至少每季检查 1 次，将结块、变色或显示有其他变质情况的培养基弃去，不得再用。

表 2.6.1　　　　　细菌监测用纯水的质量

监测项目	监测次数	合格限度
化学项目		
电导率	每次用前，或连续	25℃时，<5 微西门/cm
pH 值	每次用前	5.5～7.5
总有机碳	每月一次	<1.0mg/L
重金属（单项）Cd，Cr，Cu，Ni，Pb 和 Zn	每月一次	<0.05mg/L
总重金属	每月一次	<1.0mg/L
氨或有机氮	每月一次	<0.1mg/L
游离氯	每次用前	<0.1mg/L
生物项目		
标准平皿计数		
新蒸馏水或超纯水	每月一次	<1000 菌落/mL
经贮存的蒸馏水或去离子水	每月一次	<10000 菌落/mL
水的适宜性	每年一次，或使用新水源时	0.8～3.0 的比率
使用实验	每年一次，或使用新水源时	Student 检验，$t \leqslant 2.78$

2）未启瓶的培养基在温室下的贮存期不得超过 2 年。搁置超过 1 年的，应用新分离的纯培养和天然水样进行回收试验，同时还要用合格的培养基做平行培养，以资比较。

3）启用过的培养基要在半年内用完。每次用后均应密塞，并贮存在干燥处所。

4）干燥培养基（粉剂）应贮于密封瓶中，置 30℃ 以下的干燥暗处。乳糖蛋白胨培养液在冰箱或低温环境中贮存时，能溶解一定量的空气，在 37℃ 培养时，管内能产生气泡；所以，用前应将在低温下保存过的发酵管置于培养箱内过夜。管内存有气泡者即应废弃。

（2）配制培养基应注意的问题。

1）培养基和各种材料的高压蒸汽灭菌条件如表 2.6.2 所示。灭菌完成后，气压降至 0 时，应将培养基取出，以免因继续受热而影响其质量。

表 2.6.2　　　　　高压蒸汽灭菌的温度和时间

材　料	温度（℃）	时间（min）
滤膜与吸收垫	121	10
裹好的成套滤膜装置和空采样瓶	121	15
微生物污染的材料和待废弃的细菌培养物	121	30
含糖培养基，如乳糖蛋白胨培养液、葡萄糖缓冲液等	115	10～15
稀释水，99mL（螺盖瓶装）	121	15
冲洗用水，500～1000mL	121	30
>1000mL	121	时间随水量而定；灭菌后需做无菌试验

2）不耐高压蒸汽灭菌的溶液或培养基可用膜滤法除菌。滤膜应是 $0.22\mu m$ 孔径的。

3）固体培养基画线以不划破培养基为准。半固体培养基穿刺接种时，应能区分有无动力。

4）琼脂培养基用前应在 44～46℃恒温水浴中溶解，但不应超过 3h。溶解培养基时，可同时加温一瓶水，内插温度计以检验温度，便于判断培养基是否适于灌皿，平板培养基的深度约为 4mm。

5）乳糖蛋白胨培养液的分装器，每管不得少于 5mL。小套管在大试管内充满培养基时，应能大部分浸没在培养基内。取 10mL 水样进行检验时，乳糖蛋白胨培养液的浓度应为普通培养液的 3 倍。

6）灭菌后的液体培养基应澄清、无沉淀。随即抽样培养后，液体培养基不得生长菌膜；固体培养基应无菌落。

7）以无菌操作分装的试管或平板培养基（品红亚硫酸培养

基除外），应全部置 37℃ 培养 24h，不长菌方可使用。经高压蒸汽灭菌的培养基，可随机抽样做无菌试验。

8）配制培养基要做好记录。登记配制日期、批次、名称、配制方法、灭菌温度和事件，还应登记培养基的成分和 pH 值，并由配制人签名。

9）玻璃仪器可在电热干燥箱内，经 170℃、2h 干热灭菌。对热敏感的物件和材料，可在气体灭菌内灭菌。灭菌后应做灭菌效果检查。

第3章 化学试剂

3.1 如何读化学试剂的说明书或标签

化学试剂就是通常讲的化学药品。化学试剂瓶上贴有试剂标签（或说明书），如图 3.1.1 所示，内容主要包括：试剂名称、试剂级别标志、质量、成分、生产商、生产日期及保质期等。

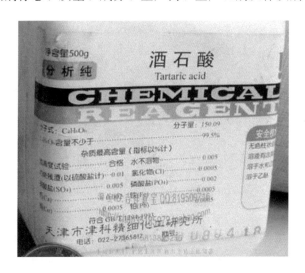

图 3.1.1　化学试剂标签

试剂级别标志表明该试剂的纯度，可按表 3.1.1 识别试剂的纯度等级。

另外，纯度远高于优级纯度的试剂叫做高纯试剂（纯度≥99.99%），目前国际上无统一的明确规格。通常以 9 表示产品的纯度。在规格栏中标以 3 个 9，5 个 9，6 个 9。3 个 9 表示杂质总含量不大于 1×10^{-1}%，5 个 9 表示杂质总含量不大于 $1 \times$

10^{-3}％，依此类推，可将高纯度物质分为：

杂质总含量不大于 1×10^{-2}％，其纯度为 4 个 9（99.99％）；

杂质总含量不大于 1×10^{-3}％，其纯度为 5 个 9（99.999％）；

杂质总含量不大于 1×10^{-4}％，其纯度为 6 个 9（99.9999％）；

杂质总含量不大于 1×10^{-5}％，其纯度为 7 个 9（99.99999％）；

杂质总含量不大于 1×10^{-7}％，其纯度为 9 个 9（99.9999999％）。

表 3.1.1　　　　　　　　　试剂的纯度等级

纯度等级	优级纯	分析纯	化学纯	实验试剂
英文代号	G. R. Guarantee Reagent	A. R. Analytical Reagent	C. P. Chemical Pure	L. R. Laboratory Reagent
瓶签颜色	绿色	红色	蓝色	黄色
适用范围	用作基准物质，主要用于精密的科学研究和分析实验	用于一般科学研究和分析实验	用于要求较高的无机和有机化学实验，或要求不高的分析检验	用于一般的实验和要求不高的科学实验

3.2　常用化学药品的贮存

1. 贮存环境

较大量的化学药品应放在药品贮藏室内，专人保管，贮藏室应避免阳光照射，室内温度不能过高，一般应保持 15～20℃，最高不要高于 25℃。室内保持一定的湿度，相对湿度最好在40％～70％。室内应通风良好，严禁明火。

2. 分类存放

一般化学药品可分类存放于贮存柜中，并在贮存柜上贴上相应的类别的标签，便于存取（见图 3.2.1）。可按以下分类存放：

（1）无机物盐类及氧化物。

图 3.2.1　药品贮存柜

按周期表分类存放：钠、钾、铵、镁、钙、锌等的盐及 CaO、MgO、ZnO 等；碱类 NaOH、KOH、$NH_3 \cdot H_2O$ 等；酸类 H_2SO_4、NHO_3、HCl、$HClO_4$ 等。

（2）有机物。

按官能团分类存放：烃类、醇类、酚类、醛类、脂类、羟酸类、胺类、代烷类、苯系物等。

（3）指示剂。

酸类指示剂、氧化还原指示剂、配位滴定指示剂、荧光指示剂等。

3.3　试剂的管理

这里所讲的试剂，是指自己配制的，直接用于实验的各种浓度的试剂。试剂的管理需要注意以下几点：

（1）有毒性的试剂，不管浓度大小，必须使用多少配制多少，剩余少量也应送危险品毒物贮藏室保管，或报请领导适当处理掉，如 KCN、NaCN、As_2O_3（砒霜）等。

（2）见光易分解的试剂装入棕色瓶中（见图 3.3.1），常见的有硝酸、硝酸银、高锰酸钾、碘化钾、溴化钾、氯化亚汞、亚硝酸盐、漂白粉、氯水、溴水等。其他试剂溶液也要根据其性质装入带塞的试剂瓶中，其中碱类及盐类试剂溶液不能装在磨口试剂瓶中，应使用胶塞或木塞。需滴加的试剂及指示剂应装入滴瓶中，整齐地排列在试剂架上。

（3）配好的试剂应立即贴上标签，标明名称、浓度、配制日期，贴在试剂瓶的中上部（见图3.3.2）。

（4）装在自动滴定管中的试剂，如滴定管是敞口的，应用小烧杯或纸套盖上，防止灰尘落入。

（5）废旧试剂不要直接倒入下水道里，特别是易挥发、有毒的有机化学试剂更不能直接倒入下水道中，应倒在专用的废液缸中，定期妥善处理。

图 3.3.1 棕色瓶

图 3.3.2 试剂标签

第4章 水质检测中的一般操作

4.1 溶解与稀释

1. 溶解的操作

溶解是一种物质均匀地分散在一种溶剂中的过程（见图 4.1.1）。

（1）溶解通常在烧杯或锥形瓶中进行，用玻璃棒搅拌。

（2）溶解的基本操作：

1）若固体块粒过大，应预先粉碎加快其溶解。

2）将准备溶解的物质（即溶质）置于容器中，然后将溶剂

（a）取药品置于容器中

（b）加入水或其他溶剂

（c）搅拌均匀

（d）加热（非必须操作项）

图 4.1.1 溶解的操作过程图

沿容器壁缓缓加入，并用玻璃棒搅拌均匀直至溶质全部溶解。

（3）溶解的注意事项：

1）溶解过程中发生激烈反应时，应盖上表面皿。在锥形瓶内溶解时，可于瓶口放置小漏斗，以免溶液飞溅。

2）若溶解过程吸热时，应加热以提高溶解速度；而溶解过程放热时，则用水或冰水降温，帮助溶解。

3）可使用助溶剂，例如用水溶解碘时，加入适量碘化钾能加快碘的溶解。

2. 稀释的操作

稀释是按需要用溶剂将浓溶液配制成稀溶液的过程。

（1）稀释通常在烧杯、锥形瓶、容量瓶中进行，用玻璃棒搅拌。

（2）稀释的一般操作方法：在洁净容器中加入一定量的浓溶液，然后添加计算量的溶剂，搅拌均匀，如图 4.1.2 所示。

（a）取药品置于容器中

（b）加入溶剂

（c）搅拌均匀

图 4.1.2　稀释的操作过程图

（3）在量瓶中稀释标准溶液的操作（见图 4.1.3）：

1）取洁净的容量瓶一只，加入少量水或其他溶剂（约为总量的 1/4～1/3）。

2）吸取一定量的浓标准溶液，加入至容量瓶中，然后再以水

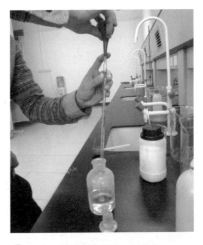

（a）在容量瓶中加入少量水
或其他溶剂

（b）用移液管吸取一定量的
浓标准溶液

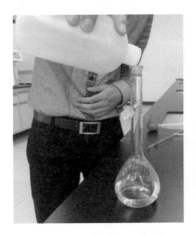

（c）将浓标准溶液加入至容量瓶

（d）加水或其他溶剂至刻度线以下1～2cm处

图 4.1.3（一）　容量瓶中稀释标准溶液操作过程

 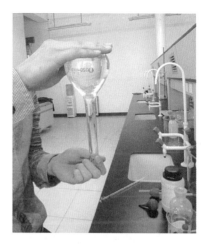

（e）放置1～2min后定容至刻度线　　　（f）盖上瓶盖，上下颠倒振摇
　　　　　　　　　　　　　　　　　　　　　　10余次，充分混匀

图4.1.3（二）　容量瓶中稀释标准溶液操作过程

或其他溶剂稀释至刻度（注意：不要把水或溶剂加到量瓶标线以上的瓶颈内壁上），盖上瓶塞，上下颠倒振摇10次以上使其充分混匀。

3）稀释标准溶液时，如果稀释倍数较大，应分次逐级稀释。

4.2　加热与冷却

1. 如何加热

（1）直接加热：在较高温度下不分解的溶液或纯液体，可用酒精灯或电炉直接加热法加热，如图4.2.1所示。

（2）间接加热：对要求加热温度不过高，或不宜使用明火加热的溶液，应使用间接加热法加热，如一定温度的水来加热溶液，即水浴加热（见图4.2.2）。

（3）回流加热：将反应物料置于溶剂中加热时，溶剂蒸汽在回流冷凝管内冷凝，再滴回反应瓶内继续被加热，这种加热方法称为回流加热（见图4.2.3）。在水质检测中常用于从沉积物或生物样品中提取某些待测组分。

（a）电炉加热

（b）简易电炉

图 4.2.1　直接加热方法

（a）水浴加热

（b）恒温水浴器

图 4.2.2　间接加热方法

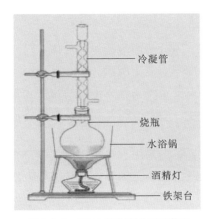

冷凝管

烧瓶

水浴锅

酒精灯

铁架台

图 4.2.3　烧瓶口安装回流加热装置

2. 如何冷却

冷却方法分为自然冷却和人工冷却两类：

（1）自然冷却：在自然状态下将温度高于室温的样品冷至室温的方法，该法简单易行而较常用。

（2）人工冷却：利用机械法或致冷剂法将样品冷至室温以下的方法，机械法如冰箱冷却等，致冷剂法则需选用某种致冷剂。致冷剂的选择应根据需要达到的温度和有待去除的热量而定。

致冷剂的使用方法如下：

水：水的热容量大，使用方便，只要将待冷却的装置放在能自动排水的设备内以流水浇淋即可达到冷却目的。

冰：冰是广泛使用的致冷剂之一，在使用前应预先破碎。为了增加冷却效果，可加入少量水调成浆状。

干冰：将干冰加入下列溶剂（加入时应注意，会有大量泡沫产生），即可得到相应的低温。

液氮：注入液氮时，杜瓦瓶必须彻底干燥。操作人员必须戴防护眼镜和防冻手套，以免低温冻伤。

4.3　干燥、烘烤与灼烧称重

1. 干燥

（1）样品干燥的过程是在干燥器（见图 4.3.1）中利用干燥剂的吸湿作用完成的。

图 4.3.1　玻璃干燥器/干燥瓶

（2）如何使用干燥器。

1）将灼烧后的物体温度稍降低后方可放入干燥器，放入后待少许时间又推开 2～3 次，使内外压差不过大。灼烧后的灰分必须加盖，否则在开盖时可使灰分吹出坩埚，试验报废。

2）一个干燥器内不宜放入过多的蒸发皿或坩埚等器皿，建议不多于 5 个。由于前后称量的次序不同，则会有 1～2mg 的差，可按次序称量。

3）玻璃干燥器的盖与干燥器口边缘磨砂部分涂少许凡士林，以便打开。凡士林宜少涂，以免放入加热过的物体后使其熔化，渐渐有少许流到干燥器内壁，在取出冷却后的器皿时碰到内壁受沾污而引起误差。

（3）如何使用干燥剂。干燥剂的种类很多，有无水氯化钙、变色硅胶（见图 4.3.2）、高氯酸镁等。浓硫酸浸润的浮石，也是较好的干燥剂。

（a）变色硅胶干燥剂　　　　　（b）吸湿后的硅胶干燥剂

图 4.3.2　硅胶干燥剂

硅胶的吸湿效率高且无腐蚀性，故干燥器多用硅胶作干燥剂。硅胶吸湿后由蓝变红，在烤箱中（110℃）烘烤 1h 的吸湿性好，一般认为经常使用的硅胶干燥器每周应烘烤一次。

图 4.3.3　烘烤箱

2. 烘烤

（1）烘烤通常在烘烤箱或烘干箱中完成（见图 4.3.3）。

（2）如何烘烤。

1）烘烤有除去游离水分与结晶水两类，除去游离水分，一般用100～110℃烘烤1h，2h或4h，只烘一次。也有烘烤1h称重后再烘（以后可减为每次烘烤0.5h）并称至恒重。

2）烘烤的时间自达到规定温度后再开始计算。

3）烘烤的温度应以放烘烤物品的区域的温度为准。对于水质中的油分，多规定只烘一次即称量计算含量，因油分可挥发分解，越烘越减重，且温度应严格控制。

3. 灼烧

（1）灼烧是指把固体物质加热至高温以达到脱水、除去挥发性杂质、烧去有机物等目的的操作。有加热灯灼烧和高温炉灼烧两种形式。

（2）如何灼烧。

1）灼烧是否达到要求，一般以被灼烧物质是否达到恒重为标准，否则仍要继续灼烧直至达到恒重为止。灼烧空容器的条件要与灼烧物料的条件相同。

2）加热灯灼烧。

煤气灯：煤气灯的氧化焰温度可达1540℃，灼烧铂坩埚时可将温度控制在1000～1200℃；灼烧瓷坩埚时，可控制在800～900℃，以免影响称重。通常先在小火上加热碳化，然后再加大火焰灼烧。

酒精喷灯：酒精喷灯有直热式（又称座式）和挂式两种，最高温度可达700～800℃。

3）高温炉灼烧。

用高温炉（马弗炉，又称箱式电阻炉）灼烧样品时开始应慢慢升温，使滤纸慢慢碳化，不发生剧烈氧化燃烧而使灰分飞损失。在低温时滤纸先碳化，以不致引起硫酸钡等沉淀被还原（在600℃以上，硫酸钡可被碳还原）。灼烧时既要有足够的氧，又不能使炉内空气过于流动，以免损失。

4.4 过滤与蒸发

1. 过滤

过滤常常用于除去（或得到）液体中混有的不溶性固体杂质，是混合物分离的常用方法。水质检测中测定溶解性总固体时先要过滤水样。

（1）所需的仪器。

仪器有漏斗、滤纸、漏斗架或铁架台、烧杯和玻璃棒。

（2）过滤的操作。

1）过滤器的准备。取一张圆形滤纸折叠好，然后打开成圆锥形（见图 4.4.1），把圆锥形的滤纸尖端向下，放入漏斗里，然后用手压住，用水润湿，使滤纸紧贴着漏斗的内壁。

步骤一

步骤二

步骤三

步骤四

图 4.4.1（一）　滤纸折叠与放置操作过程

步骤五

步骤六

步骤七

步骤八

图 4.4.1（二） 滤纸折叠与放置操作过程

2）过滤的操作（见图 4.4.2）。往漏斗中倾注液体必须用玻璃棒引流，使液体沿着玻璃棒缓缓流入过滤器内，玻璃棒的下端要轻轻接触有 3 层滤纸的一面，注入液体的液面要低于滤纸的边缘，防止滤液从漏斗和滤纸之间流下去，影响过滤质量。

过滤的要点口诀为"一贴、二低、三接触"：①要将滤纸紧贴漏斗内壁（此为"一贴"）；②滤纸边缘要低于漏斗口边缘，过滤时液体液面要低于滤纸边缘（此为"二低"）；③漏斗最下端要接触烧杯内壁，引流的玻璃棒下端要接触滤纸的三层一面，倾倒液体的烧杯要接触引流的玻璃棒（此为"三接触"）。

2. 蒸发

水质检测中蒸发是通过对溶液加热来提高溶液浓度，甚至析出溶质。在测定水样溶解性总固体时就需对水样蒸发。

（1）蒸发的仪器：蒸发皿、加热设备。

图 4.4.2　过滤操作

（2）蒸发的操作。蒸发可分直接加热蒸发和间接加热蒸发：

1）直接加热蒸发（见图 4.4.3）。

在蒸发皿中加入一定量待蒸发溶液，用酒精灯或电炉直接加热，加热时蒸发皿下应垫石棉网；边蒸发边搅拌，直至水分蒸干。

2）间接加热蒸发（见图 4.4.4）。

图 4.4.3　直接加热蒸发

图 4.4.4　水浴蒸发

在蒸发皿中加入一定量待蒸发溶液，放入恒温水浴，至水分蒸干。

4.5 水样的采集与保存

1. 水样的采集

（1）水样采集使用的容器的要求如下：

1）可用硬质玻璃瓶或聚乙烯瓶，要求容器的材质应化学稳定性强，且不应与水样中组分发生反应，容器壁不应吸收或吸附待测组分。

2）选用细口容器，如图4.5.1、图4.5.2所示容器的盖和塞的材料应与容器材料统一；有机物和某些微生物检测用的样品容器不能用橡胶塞，碱性的液体样品不能用玻璃塞。

图 4.5.1　水样采集器

3）对无机物、金属和放射性元素测定水样应使用有机材质的采样容器，如聚乙烯塑料容器等；对有机物和做生物学指标测定水样应使用玻璃材质的采样容器。

（2）采样容器的洗涤。

1）测定一般理化指标采样容器的洗涤。将容器用水和洗涤剂清洗，除去灰尘、油垢后用自来水冲洗干净，然后用质量分数

图 4.5.2　用玻璃瓶、塑料瓶采集水样

10％的硝酸（或盐酸）浸泡 8h，取出沥干后用自来水冲洗 3 次，并用蒸馏水充分淋洗干净。

2）测定有机物指标采样容器的洗涤。用重铬酸钾洗液浸泡 24h，然后用自来水冲洗干净，用蒸馏水淋洗后置烘箱内 180℃烘 4h，冷却后再用纯化过的己烷、石油醚冲洗数次。

3）测定微生物学指标采样容器的洗涤和灭菌。

容器洗涤：将容器用自来水和洗涤剂洗涤，并用自来水彻底冲洗后用质量分数为 10％的盐酸溶液浸泡过夜，然后依次用自来水、蒸馏水洗净。

容器灭菌：热力灭菌是最可靠且普遍应用的方法。热力灭菌分干热和高压蒸汽灭菌两种。干热灭菌要求 160℃下维持 2h；高压蒸汽灭菌要求 121℃下维持 15min，高压蒸汽灭菌后的容器如不立即使用，应于 60℃将瓶内冷凝水烘干。灭菌后的容器应在 2 周内使用。

（3）如何操作。

1）检测理化指标，采样前应先用水样荡洗采样器、容器和塞子 2～3 次（油类除外）。

2）检测微生物学指标，同一水源、同一时间采集几类检测指标的水样时，应先采集供微生物学指标检测的水样。采样时应直接采集，不得用水样涮洗已灭菌的采样瓶，并避免手指和其他物品对瓶口的沾污。

3）水源水的采集：水源水采样点通常应选择汲水处。对于河流、水库的表层水，可用适当的容器如水桶采样（见图4.5.3）；对于一定深度的水，可用直立式采水器。对于自喷的泉水可在涌口处直接采样。采集不自喷泉水时，应将停滞在抽水管中的水汲出，新水更替后再进行采样。从井水采集水样，应在充分抽汲后进行，以保证水样的代表性。

4）出厂水的采集：出厂水的采样点应设在出厂进入输水管道之前处。

5）末梢水的采集（见图4.5.4）：应注意采集时间，夜间取样时应打开龙头放水数分钟，排出沉积物；采集用于微生物学指标检验的样品前应对水龙头进行消毒。

图 4.5.3　水库水采样　　　　图 4.5.4　末梢水微生物指标检测采样

（4）作采样记录。

1）认真填写采样记录或标签，并粘贴在采样容器上，注明水样编号、采样者、日期、时间及地点等相关信息。还应记录所有野外调查及采样情况，包括采样目的、采样地点、样品种类、编号、数量、样品保存方法及采样时的气候条件等。

2）对于现场测试样品，应严格记录现场检测结果并妥善保管。

3）取样体积可参考表 4.5.1。

表 4.5.1　　　生活饮用水中常规检验指标的取样体积

指标分类	容器材质	保存方法	取样体积（L）	备注
一般理化	聚乙烯	冷藏	3～5	
挥发性酚与氰化物	玻璃	氢氧化钠（NaOH），pH 值≥12，如有游离余氯，加亚砷酸钠去除	0.5～1	
汞	聚乙烯	硝酸（HNO_3）（1+9，含重铬酸钾 50g/L）至 pH 值≤2	0.2	用于冷原子吸收法测定
金属	聚乙烯	硝酸（HNO_3），pH 值≤2	0.5～1	
耗氧量	玻璃	每升水样加入 0.8mL 浓硫酸（H_2SO_4），冷藏	0.2	
有机物	玻璃	冷藏	0.2	水样应充满容器至溢流并密封保存
微生物	玻璃（灭菌）	每 125mL 水样加入 0.1mg 硫代硫酸钠除去残留余氯	0.5	
放射性	聚乙烯		3～5	

2. 水样的保存与管理

（1）应根据测定指标选择适宜的保存方法，主要有冷藏、加入保存剂等。

（2）水样在 4℃冷藏保存，贮存于暗处。

（3）保存剂可预先加入采样容器中，也可在采样后立即加入。易变质的保存剂不能预先添加。保存剂不能干扰待测物的测定；不能影响待测物的浓度。如果是液体，应校正体积变化。保存剂的纯度和等级应达到分析的要求。

（4）水样的保存期限主要取决于待测物的浓度、化学组成和物理化学性质。

（5）常用的保存方法：水样的保存没有通用的原则。表4.5.2 提供了常用的保存方法。由于水样的组分、浓度和性质不同，同样的保存条件不能保证适用于所有类型的样品，在采样前应根据样品的性质、组分和环境条件来选择适宜的保存方法和保存剂。

注：水样采集后应尽快测定。水温、pH 值、游离余氯等指标应在现场测定；其余项目的测定也应在规定时间内完成。

表 4.5.2　　　　　　　　采样容器和水样的保存方法

项 目	采样容器	保 存 方 法	保存时间
浊度[a]	G，P	冷藏	12h
色度[a]	G，P	冷藏	12h
pH[a]	G，P	冷藏	12h
电导[a]	G，P	—	12h
碱度[b]	G，P	—	12h
酸度[b]	G，P	—	30d
COD（化学需氧量）	G	每升水样加入 0.8mL 浓硫酸，冷藏	24h
DO[a]（溶解氧）	溶解氧瓶	加入硫酸锰、碱性碘化钾叠氮化钠溶液，现场固定	24h
BOD$_5^b$（五日生化需氧量）	溶解氧瓶	—	12h
TOC（总有机碳）	G	加硫酸，pH 值≤2	7d
F[b]（氟化物）	P	—	14d
Cl[b]（氯化物）	G，P	—	28d
Br[b]（溴化物）	G，P	—	14h
I[-b]（碘化物）	G	氢氧化钠，pH 值=2	14h

项　目	采样容器	保　存　方　法	保存时间
SO_4^{2-b}（硫酸盐）	G，P	—	28d
PO_4^{3-}（磷酸盐）	G，P	氢氧化钠、硫酸调 pH 值＝7，三氯甲烷 0.5％	7d
氨氮[b]	G，P	每升水样加入 0.8mL 浓硫酸	24h
$NO_2^-N^b$（亚硝酸盐）	G，P	冷藏	尽快测定
$NO_3^-N^b$（硝酸盐）	G，P	每升水样加入 0.8mL 浓硫酸	24h
硫化物	G	每 100mL 水样加入 4 滴乙酸锌溶液和 1mL 氢氧化钠溶液，暗处放置	7d
氰化物、挥发酚类[b]	G	氢氧化钠，pH 值≥12，如有游离余氯，加亚砷酸钠除去	24h
B（硼）	P	—	14d
一般金属	P	硝酸，pH 值≤2	14d
Cr（铬）	G，P	氢氧化钠，pH 值＝7～9	尽快测定
As（砷）	G，P	硫酸，至 pH 值≤2	7d
Ag（银）	G，P（棕色）	硝酸，至 pH 值≤2	14d
Hg（汞）	G，P	硝酸（1+9，含重铬酸钾 50g/L）至 pH 值≤2	30d
卤代烃类[b]	G	现场处理后冷藏	4h
苯并(a)芘[b]	G	—	尽快测定
油类	G（广口瓶）	加入盐酸至 pH 值≤2	7d
农药类[b]	G	加入抗坏血酸 0.01～0.02g 除去残留余氯	24h
除草剂类[b]	G	加入抗坏血酸 0.01～0.02g 除去残留余氯	24h
邻苯二甲酸酯类[b]	G	加入抗坏血酸 0.01～0.02g 除去残留余氯	24h

项 目	采样容器	保 存 方 法	保存时间
挥发性有机物[b]	G	用盐酸调至 pH 值≤2，加入抗坏血酸 0.01～0.02g 除去残留余氯	12h
甲醛、乙醛、丙烯醛[b]	G	每升水样加入 1mL 浓硫酸	24h
放射性物质	P	—	5d
微生物[b]	G（灭菌）	每 125mL 水样加入 0.1mg 硫代硫酸钠除去残留余氯	4h
生物[b]	G，P	不能现场测定时用甲醛固定	12h

注 a 表示应现场测定。

　　b 表示应低温（0～4℃）避光保存。

　　G 为硬质玻璃瓶；P 为聚乙烯瓶（桶）。

（6）除用于现场测定的样品外，大部分水样都需要运回实验室进行分析。在水样的运输和实验室管理过程中应保证其性质稳定、完整，避免沾污、损坏和丢失。

第 5 章　溶液配制

5.1　实验室用水

在分析工作中，洗涤仪器、溶解样品、配制溶液均需用纯水，纯水是经一定的方法净化，达到国家规定实验室用水规格的实验用水，包括普通蒸馏水、重蒸馏水、由树脂交换制备的去离子水等。

1. 国家标准规定的实验室用水分三级

（1）一级水：基本上不含有溶解或胶态离子杂质及有机物。它可以用二级水经进一步加工处理而制得。例如可以用二级水经蒸馏，离子交换混合床和 $0.2\mu m$ 过滤膜的方法，或者用石英装置经进一步加工制得。

（2）二级水：可含有微量的无机、有机或胶态杂质。可采用蒸馏、反渗透或去离子后再行蒸馏等方法制备。

（3）三级水：适用于一般实验室试验工作。它可以采用蒸馏、反渗透或去离子等方法制备。

2. 如何制备实验室用水

实验室用水可以用相关的设备制取，如图 5.1.1 所示。目前用得最多的是蒸馏法，例如金属蒸馏器制备的蒸馏水、全玻璃蒸馏器制备的蒸馏水、石英蒸馏器制备的蒸馏水、亚沸蒸馏器制备的蒸馏水等，还有用离子交换法制备蒸馏水。

3. 纯水如何贮存

（1）贮存容器如何选择。

在一般的无机分析中，贮存纯水应使用聚乙烯容器；在有机分析中，贮存纯水应选择玻璃容器为好；使用虹吸法取用纯水时应使用聚乙烯管（因乳胶管中含有锌）。

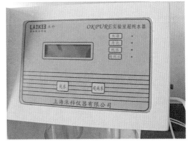

图 5.1.1　实验室超纯水器

（2）各级纯水，应使用专用容器贮存。运输贮存及使用过程中应避免沾污。

（3）一级水尽可能使用前制备，不贮存。

（4）二级水适量制备后，可贮存在预先经过处理并用同级水充分清洗过，密闭的聚乙烯容器中。三级水的贮存容器和条件与二级水相同。

5.2　溶质为固体时的溶液配制

1. 溶液的浓度

溶质为固体时配制的溶液通常用物质的量浓度和质量浓度表示。

物质的量浓度也称摩尔浓度指 $1m^3$ 溶液中所含溶质的物质的量。物质的量浓度常用单位有摩尔每升（mol/L）、毫摩尔每升（mmol/L）、微摩尔每升（μmol/L）。

质量浓度指质量浓度表示 $1m^3$ 溶液中所含溶质的质量，单位为千克每立方米（kg/m³）。常用的单位有 g/L、mg/L、μg/L、ng/L、g/mL、mg/mL、μg/mL 等。

（1）摩尔每升（mol/L）、毫摩尔每升（mmol/L）、微摩尔每升（μmol/L）等的换算关系：

$$1mol/L = 1000mmol/L，1mmol/L = 1000μmol/L，1mol/L = 1mmol/mL$$

（2）g/L、mg/L、μg/L、ng/L、g/mL、mg/mL、μg/mL
等的换算关系：

$1g/L = 1000mg/L$，$1mg/L = 1000\mu g/L$，$1\mu g/L = 1000ng/L$，$1g/mL = 1000g/L$，$1g/L = 1mg/mL$，$1mg/mL = 1000mg/L$

（3）摩尔浓度与质量浓度的换算

$$C_质 = C_摩 \times M \text{ 或 } C_摩 = C_质/M$$

式中　$C_质$——质量浓度，g/L；

　　　$C_摩$——摩尔浓度，mol/L；

　　　M——溶质的摩尔质量，g/mol。

2. 如何计算配制溶液所需溶质（固体药品）的质量

（1）配制的溶液以物质的量浓度表示时计算公式：

$$m = C \times \frac{V}{1000} \times M$$

式中　m——应称取固体药品的质量，g；

　　　C——固体药品的物质的量浓度，mol/L；

　　　V——欲配溶液体积，mL；

　　　M——固体药品的摩尔质量，g/mol。

【例5.2.1】　欲配制 $C(1/6K_2Cr_2O_7)$ 为 0.2000mol/L 的溶液 500mL，应称取 $K_2Cr_2O_7$ 多少克？

解：已知 $C(1/6K_2Cr_2O_7) = 0.2mol/L$，$V = 500mL$

$$M(1/6K_2Cr_2O_7) = \frac{294.18}{6} = 49.03g/mol$$

$$M(K_2Cr_2O_7) = C(1/6K_2Cr_2O_7) \times \frac{V}{1000}$$
$$\times M(1/6K_2Cr_2O_7)$$
$$= 0.2 \times \frac{500}{1000} \times 49.03$$
$$= 4.903g$$

通过计算，应称取 $K_2Cr_2O_7$ 4.903g。

（2）配制的溶液以质量浓度表示时计算公式：

$$m = \frac{C \cdot M_r \cdot V}{A_r \times 1000}$$

式中　m——需称取标准物的质量，g；

　　　C——标准溶液中代表元素浓度，mg/mL；

　　　M_r——所用标准物质的相对分子量；

　　　V——欲配溶液体积，mL；

　　　A_r——表示溶液浓度代表元素的相对原子量。

【例 5.2.2】 以 NaCl 为标准物（溶质）配制 $C(Cl^-) = 1.0000$ mg/mL（即溶液的 Cl^- 为 1.0000mg/mL）的标准溶液 1000mL，应称取 NaCl 多少克？

解： 已知 $C(Cl^-) = 1.0000$ mg/mL，$V = 1000$ mL

$$M_r = M_{NaCl} = 58.44，A_r = A_{Cl} = 35.453$$

代入公式：

$$m = \frac{1.000 \times 58.44 \times 1000}{35.453 \times 1000} = 1.6484g$$

通过计算，应称取 NaCl1.6484g。

3. 溶质为固体时配制溶液的步骤

【例 5.2.3】 以 NaCl 为标准物（溶质）配制 $C(Cl^-) = 1.0000$ mg/mL（即溶液的 Cl^- 为 1.0000mg/mL）的标准溶液 1000mL，如何配制？

配制步骤如下（见图 5.2.1）：

（1）通过计算，应称取 NaCl 1.6484g。

（2）用天平准确称量 NaCl 1.6484g。

（3）将 NaCl 置于小烧杯，加蒸馏水充分搅拌，溶解。

（4）取洗净的 1000mL 容量瓶，用玻璃棒将 NaCl 溶液引流至容量瓶中。

（5）清洗烧杯及玻璃棒至少 3 次，并将每次的清洗液倒入容量瓶中（用玻璃棒引流）。

（6）在容量瓶中加水并在瓶口继续清洗玻璃棒，至刻度线附近再定容。

（a）用天平准确称量药品

（b）药品溶解

（c）玻璃棒将溶液引流至容量瓶中

（d）清洗烧杯及玻璃棒至少3次，并将
每次的清洗液倒入容量瓶中

（e）在容量瓶中加水并在瓶口继续清洗
玻璃棒至刻度线附近再定容

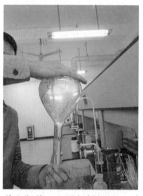

（f）盖上瓶盖，上下颠倒振摇10余次，
充分混匀

图 5.2.1　溶质为固体时配制溶液操作过程图

（7）盖上瓶盖，上下颠倒振摇 10 余次，充分混匀。

5.3 溶质为液体试剂时的溶液配制

此法配制的溶液通常用物质的量浓度表示。常用单位有摩尔每升（mol/L）、毫摩尔每升（mmol/L）、微摩尔每升（μmol/L）。

1. 如何计算配制溶液所需溶质（液体药品）的体积

计算时先根据配制溶液的浓度与体积计算出应称取溶质的质量，再由下式计算出应量取液体溶质的体积。

溶质体积计算公式：

$$V = \frac{m}{\rho \cdot x\%}$$

式中　V——应量取液体溶质的体积，mL；

　　　m——通过计算得出的溶质的质量，g；

　　　ρ——液体溶质的密度，g/mL；

　　$x\%$——液体溶质的质量百分浓度。

【例 5.3.1】 用 $\rho = 1.84\text{g/mL}$ 的 H_2SO_4，配制 $C(1/2H_2SO_4) = 2\text{mol/L}$ 的溶液 500mL，应量取 H_2SO_4 多少 mL？

解： 已知 $\rho = 1.84\text{g/mL}$ 的 H_2SO_4 的浓度 $x\%(\text{m/m}\%) = 96\%$，$M(1/2H_2SO_4) = \dfrac{H_2SO_4}{2} = \dfrac{98.08}{2} = 49.04\text{g}$，$V = 500$，$C(1/2H_2SO_4) = 2\text{mol/L}$，代入公式：

$$m_{H_2SO_4} = 2 \times \frac{500}{1000} \times 49.04 = 49.04\text{g}$$

$$V_{H_2SO_4} = \frac{49.04}{1.84 \times 96\%} = 27.76\text{mL}$$

通过计算，应量取 H_2SO_4 27.76mL。

2. 溶质为液体时配制溶液的步骤

【例 5.3.2】 用 $\rho = 1.84\text{g/mL}$ 的 H_2SO_4，配制 $C(1/2H_2SO_4) = 2\text{mol/L}$ 的溶液 500mL，应如何配制？

配制步骤如下（见图 5.3.1）：

（1）通过计算，应量取 H_2SO_4 27.76mL。

（2）取洁净的 500mL 容量瓶一只，加入少量蒸馏水（约为总量的 1/4～1/3）用移液管吸取 27.76mL H_2SO_4。

（3）将 H_2SO_4 加入至容量瓶。

（4）加蒸馏水至刻度线附近（以下）。

（5）定容至刻度线。

（6）盖上瓶盖，上下颠倒振摇 10 余次，充分混匀。

（a）在容量瓶中加入少量蒸馏水

（b）用移液管吸取一定量的浓标准溶液

（c）将浓标准溶液加入至容量瓶

（d）加蒸馏水至刻度线以下

图 5.3.1（一）　溶质为液体时配制溶液操作过程图

（e）定容至刻度线

（f）盖上瓶盖，上下颠倒振摇
10余次，充分混匀

图5.3.1（二）　溶质为液体时配制溶液操作过程图

5.4　标准溶液的配制

已知准确浓度的溶液称为标准溶液。标准溶液的配制有直接法与标定法。

标准溶液的浓度常采用物质的量浓度、质量浓度，个别分析中采用滴定度来表示标准溶液的浓度。

1. 直接法如何配制溶液

（1）准确称量一定量的基准物质，在烧杯中溶解后，移入一定体积的量瓶中，加水至刻度，摇匀即可。根据试剂的质量和定容的体积计算出所配标准溶液的准确度。

用于直接配制标准溶液或标定标准溶液浓度的化学试剂称为基准物质或基准试剂。常用基准物的单元及摩尔质量见表5.4.1。

（2）直接法配制标准溶液的步骤。

表 5.4.1　　　　　　常用基准物的单元及摩尔质量 M_B

名称	分子式	基本单元	M_B	化 学 反 应
碳酸钠	Na_2CO_3	$1/2Na_2CO_3$	52.99	$CO_3^{2-}+2H^+ \longrightarrow H_2O+CO_2\uparrow$
重铬酸钾	$K_2Cr_2O_7$	$1/6K_2Cr_2O_7$	49.03	$Cr_2O_7^{2-}+14H^+ \longrightarrow 2Cr^{3+}+7H_2O$
三氧化二砷	As_2O_3	$1/4As_2O_3$	49.46	$5As_2O_3^-+2MnO_4^-+2H_2O \longrightarrow$ $5As_2O_4^{3-}+2Mn^{2+}+4H^+$
草酸	$H_2C_2O_4$	$1/2H_2C_2O_4$	45.02	$H_2C_2O_4+2OH^- \longrightarrow 2H_2O+C_2O_4^{2-}$
草酸钠	$Na_2C_2O_4$	$1/2Na_2C_2O_4$	67.00	$2MnO_4^-+5C_2O_4^{2-}+8H^+ \longrightarrow$ $10CO_2\uparrow+8H_2O$
碘酸钾	KIO_3	$1/6KIO_3$	35.67	$IO_3^-+6H^++6e \longrightarrow I^-+3H_2O$
氯化钠	$NaCl$	$NaCl$	58.45	$Cl^-+Ag^+ \longrightarrow AgCl\downarrow$

【例 5.4.1】　　欲配制 $C(1/6K_2Cr_2O_7)$ 为 $0.2000mol/L$ 的溶液 $500mL$，如何操作？

解： $K_2Cr_2O_7$ 为基准物质，可以直接法配制其标准溶液，配制步骤：

a. 通过计算（见第 5.2 节之［例 5.2.1］），应称取 $K_2Cr_2O_7$ 4.903g。

b. 余下步骤同 "溶质为固体时配制溶液的步骤"。

2. 标定法如何配制标准溶液

标定法又叫间接配制法。对于不能作为基准物质的如 NaOH、HCl、H_2SO_4、硫代硫酸钠等，是不能直接配制标准溶液的，应首先配制成接近于所需浓度的溶液，然后再用基准物质或其他标准溶液测定其准确浓度，该过程称为标定。

（1）如何计算被标定溶液的浓度。

计算公式：

$$C_BV_B = C_AV_A$$

$$C_B = \frac{C_AV_A}{V_B}$$

式中　C_B——被标定溶液的物质的量浓度，mol/L；

V_B——被标定溶液的体积，mL；

C_A——已知标准溶液的物质的量浓度，mol/L；

V_A——消耗已知标准溶液的体积，mL。

【例 5.4.2】 配制 $C_{(EDTA-2Na)}$ 约为 0.010mol/L 的标准溶液 1000mL，$M(EDTA-2Na) = 372.24g/mol$ 如何确定 EDTA－2Na 溶液浓度？

解： 已知 $C_{(EDTA-2Na)} = 0.01mol/L$，$V = 1000mL$，$M(EDTA-2Na) = 372.24g/mol$

故：

$$m_{(EDTA-2Na)} = 0.01 \times 372.24 \times \frac{1000}{1000} = 3.72g$$

配制：称取 3.75～3.8g（因试剂纯度问题可适量多称一些）EDTA－2Na，溶于纯水中，并稀释至 1000mL，混匀后待标定。

由于 EDTA－2Na 不能作为基准物质，故其溶液应通过标定方能测定浓度。

标定方法：用 0.010mol/LZn^{2+} 标准溶液标定 EDTA－2Na 溶液。准确吸取 25.00mLZn^{2+} 标准溶液置于锥形瓶中，用 EDTA－2Na 溶液滴定 Zn^{2+} 标准溶液至终点，记录 EDTA－2Na 溶液用量。

若消耗 EDTA－2Na 溶液 23.65mL，根据公式，计算 EDTA－2Na 溶液的浓度为

$$C_{EDTA-2Na} = \frac{0.01 \times 25}{23.65} = 0.0106mol/L$$

（2）标定法配制标准溶液的步骤（见图 5.4.1）。

【例 5.4.3】 配制 $C_{(EDTA-2Na)}$ 约为 0.010mol/L 的标准溶液 1000mL，如何配制和标定？

解： 操作步骤为

a. 称取 3.75～3.8g（因试剂纯度问题可适量多称一些）EDTA－2Na，将 EDTA－2Na 配成接近所需要浓度的溶液（配制方法同溶质为固体的溶液配制方法）。

【例 5.4.4】 计算 EDTA－2Na 的质量。

解：已知 $C_{(EDTA-2Na)} = 0.01\text{mol/L}$，$V = 1000\text{mL}$，$M(EDTA-2Na) = 372.24\text{g/mol}$

故：

$$m_{(EDTA-2Na)} = 0.01 \times 372.24 \times \frac{1000}{1000} = 3.72\text{g}$$

（a）准确量取一定量的标准溶液

（b）将标准溶液置于锥形瓶中，用蒸馏水稀释到一定刻度

（c）按规定加入指示剂和其他试剂

（d）在滴定管中加入所配制的溶液

图 5.4.1（一） 用标准溶液标定配制溶液的操作过程

（e）记下初始读数　　　　　　　（f）用所配制的溶液滴定标准溶液

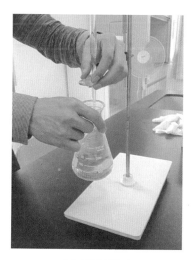

（g）滴定至终点　　　　　　　　（h）记下终点读数

图 5.4.1（二）　用标准溶液标定配制溶液的操作过程

b. 用移液管准确吸取 25.00mL 浓度为 0.010mol/L 的 Zn^{2+} 标准溶液置于锥形瓶中，用蒸馏水稀释至 50mL。

c. 加入几滴铬黑 T 为指示剂，还按规定加入其他少量试剂。

d. 在洁净的滴定管中加入 EDTA—2Na 溶液，记下初始读数。

e. 用 EDTA—2Na 溶液滴定 Zn^{2+} 标准溶液至溶液由紫红色

变为蓝色，停止滴定，记下终点读数。

f. 根据 EDTA—2Na 溶液的消耗量，通过计算，得出 EDTA—2Na 溶液的浓度。

【例 5.4.5】 若消耗 EDTA—2Na 溶液 23.65mL，根据公式 $C_B = \dfrac{C_A V_A}{V_B}$，计算 EDTA—2Na 溶液的浓度为

$$C_{EDTA-2Na} = \frac{0.01 \times 25}{23.65} = 0.0106 \text{mol/L}$$

g. 重复步骤 b~f，再标定一次。

h. 将两次标定得出的浓度取平均值，即为 EDTA—2Na 溶液的浓度。

第6章 常见操作事故及应急处理方法

6.1 化学药品中毒应急处理

化学药品中毒，要根据化学药品的毒性特点及中毒程度采取相应措施，并及时送医院治疗。

1. 吸入有毒气体的处理

（1）对于中毒很轻时，通常只需把中毒者移到空气新鲜的地方，松开衣服领子的纽扣（但要注意保温），使其安静休息（见图6.1.1），必要时给中毒者吸入氧气，但切勿随便使用人工呼吸（见图6.1.2）。待呼吸好转后，送医院治疗。

图 6.1.1　吸入有毒气体的应急处理　　图 6.1.2　吸入有毒气体的注意事项

（2）若吸入溴蒸汽、氯气、氯化氢等，可吸入少量酒精和乙醚的混合物蒸汽，使之解毒。吸入溴蒸汽者也可用嗅氨水的方法减缓症状。

（3）吸入少量硫化氢者，立即送到空气清新的地方，中毒较重者，应立即送至医院治疗。

（4）药品溅入口内后，应立即吐出并用大量清水漱口（见图6.1.3）。

图6.1.3 药品误入口中的应急处理

2. 不慎吞食药品的处理

（1）稀释法：可饮食下列食物：牛奶、鸡蛋清、食用油、面粉或淀粉或土豆泥的悬浮液以及水等（见图6.1.4）。

牛奶　　蛋清　　食用油　　面粉、淀粉或土泥悬浮液　　水

图6.1.4 误食药品的应急处理（一）

也可在500mL的蒸馏水中，加入50g活性炭。用前再加400mL蒸馏水，并把它充分摇动湿润，然后给中毒者分次少量吞服（见图6.1.5）。一般10～15g活性炭可吸入1g毒物。注意，磷中毒者不能饮牛奶。

（2）催吐法：用手指、匙柄、压舌板、筷子、羽毛等钝物刺激咽喉后壁，引起反射性呕吐（见图6.1.6）；也可用2%～4%盐水或淡肥皂水或芥末水催吐。必要时可用0.5%～1%硫酸铜25～50mL灌服。但吞食酸、碱之类腐蚀性药品或烃类液体时，不要进行催吐。

（3）解毒法：吞服万能解毒剂（即2份活性炭、1份氧化镁和1份丹宁酸的混合物）。用时可取2～3茶匙该混合物，加入一杯水调成糊状物吞服（见图6.1.7）。

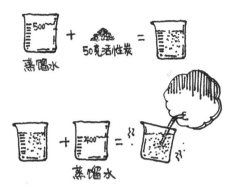

图 6.1.5 误食药品的应急处理（二）

或用：匙柄　压舌板　筷子　羽毛

图 6.1.6 误食药品的应急处理（三）

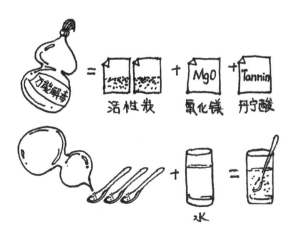

万能解毒 = 活性炭 + 氧化镁 MgO + 丹宁酸 Tannin

水

图 6.1.7 误食药品的应急处理（四）

6.2 化学药品灼伤的应急处理

1. 化学药品灼伤眼睛的应急处理

（1）若试剂进入眼中，切不可用手去揉眼（见图6.2.1），应先用清洁纱布擦去溅在眼外的试剂，再用水冲洗（见图6.2.2）。

图 6.2.1　化学药品灼伤眼睛的
错误处理

图 6.2.2　化学药品灼伤眼睛的
正确处理

若是碱性试剂，需再用饱和硼酸溶液或1%醋酸溶液冲洗；若是酸性试剂，需先用大量水冲洗，然后用碳酸氢钠溶液冲洗，再滴入少许蓖麻油。严重者送医院治疗。若一时找不到上述溶液而情况危急时，可用大量蒸馏水或自来水冲洗，再送医院治疗。

（2）先采用洗眼器（见图6.2.3、图6.2.4）能暂时减缓有害物质对眼睛的损害，进一步的处置和治疗仍需医生的指导。洗眼器使用方式（见图6.2.5）：①将洗眼器的盖移开；②推出手掣；③用食指及中指将眼睑翻开及固定；④将头向前，用清水冲洗眼睛至少15min；⑤及时到医院或医务室就诊。

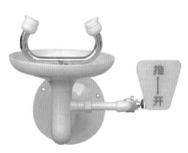

图 6.2.3　挂壁式洗眼器

图 6.2.4　立式洗眼器

图 6.2.5　洗眼器的正确使用方法

2. 化学药品灼伤皮肤时的应急处理

表 6.2.1 总结了化学药品灼伤皮肤时的应急处理方法。

表 6.2.1　　　化学药品灼伤皮肤的应急处理方法一览表

药品名称	应急处理方法
有机酸	首先应用大量水冲洗 10~15min，以防止灼伤面积进一步扩大，再用饱和碳酸氢钠溶液或肥皂液进行洗涤。严重时要消毒，拭干后涂烫伤药膏
草酸	首先应用大量水冲洗 10~15min，以防止灼伤面积进一步扩大，再用镁盐或钙盐进行处理

药品名称	应急处理方法
无机酸	先用干净的毛巾擦净伤处，再用大量水冲洗；然后用饱和碳酸氢钠溶液（或稀氨水、肥皂水）冲洗，再用水冲洗。最后涂上甘油
氢氟酸	先用大量冷水冲洗，再以碳酸氢钠溶液冲洗，然后用甘油氧化镁涂在纱布包扎
碱	尽快用水冲洗至皮肤不滑腻为止，再用稀醋酸或柠檬汁等进行中和
生石灰	先用油脂类的物质除去生石灰，再用水进行冲洗
磷	用1％硝酸银溶液或5％硫酸银溶液或高锰酸钾溶液冲洗伤口，然后包扎，切勿用水冲洗
溴	立即用2％硫代硫酸钠溶液冲洗至伤处呈白色，或先用酒精冲洗，再涂上甘油或烫伤油膏
苯胺	用肥皂和水将污物擦洗除去
三硝基甲苯	用肥皂和水尽量将污物擦洗干净
钠	可见的小块用镊子移去，其余与碱灼伤处理方法相同
酚类化合物	先用大量水冲洗，再用三氯化铁：10％酒精（1：4）混合液冲洗
汞	汞在常温就能蒸发，汞蒸汽能致人发生慢性或急性中毒。因此汞撒落在地上，尽量用纸片将其收集，再用硫粉或锌粉撒在残迹上
有机磷	立即用温肥皂水或弱碱液（1％～5％碳酸氢钠溶液）清洗皮肤，要彻底洗净
沥青、煤焦油	用浸透二甲苯的棉花擦洗，再用羊脂涂敷

另外，喷淋器也是近年来国内实验室普遍采用的皮肤灼伤应急处理设备（见图6.2.6）。

图6.2.6 皮肤灼伤的应急处理

6.3 烫伤的应急处理

1. 对烫伤程度进行判断

从热的强度及被烫的时间来确定其烫伤深度，并从皮肤的症状及有无疼痛加以判断见表6.3.1。实际上，烫伤深度的判断相当困难。因为随着时间的推移，烫伤程度往往逐渐加深。

（1）轻度烫伤。Ⅱ度烫伤占15％以下，Ⅲ度烫伤在2％以下。很少发生休克。

表6.3.1　烫伤深度与症状

深　度	症　状	疼痛
Ⅰ度	红斑	＋
Ⅱ度	红斑＋水疱	＋
Ⅲ度	灰白色→黑色	－

（2）中度烫伤。Ⅱ度烫伤占15％～30％，Ⅲ度烫伤在10％以下。有休克的危险性，必须送入医院治疗。

（3）严重烫伤。Ⅱ度烫伤占30％以上，Ⅲ度烫伤在10％以上。或者脸、手及脚均Ⅲ度烫伤，而呼吸道疑似有烫伤。常常伴有点击、严重药品伤害、软组织损伤及骨折等症状。必须在受伤后2～3h之内，将患者送入医院治疗。患者Ⅲ度烫伤在50％以上时，常常会导致死亡。

（4）休克症状。手、脚变冷；脸色苍白；出冷汗；恶心、呕吐；心率增加；心绪不安、心情烦躁。

2. 烫伤应急处理的措施

烫伤时，作为急救处理措施，将其进行冷却是最为重要的。

此措施要在受伤现场立刻进行。烧着衣服时，立即浇水灭火，然后用自来水洗去烧坏的衣服，并慢慢切除或脱去没有烧坏的部分，注意避免碰伤烧伤面。在对烧伤程度作出大致判断的基础上，可采取如下具体措施：

（1）轻度烫伤。应立即脱去衣裤，将创面放入冷水中浸洗半小时，再用麻油、菜油涂搽创面（见图 6.3.1）。

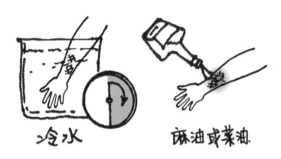

图 6.3.1　轻度烫伤的应急处理

（2）中度烫伤。这是真皮损伤，局部红肿疼痛，有大小不等的水疱，大水疱可用消毒针刺破水疱边缘放水，涂上烫伤膏后包扎，松紧要适度（见图 6.3.2）。

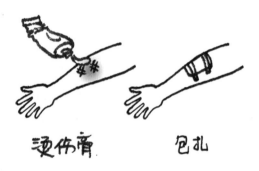

图 6.3.2　中度烫伤的应急处理

（3）严重烫伤。这是皮下、脂肪、肌肉、骨骼都有的损伤，并呈灰或红褐色，此时应用干净布包住创面及时送往医院（见图 6.3.3）。切不可在创面上涂紫药水或膏类药物（见图 6.3.4），影响病情况观察与处理。

图 6.3.3　严重烫伤的应急处理

（4）严重烫伤患者，在转送途中可能会出现休克或呼吸、心跳停止，应立即进行人工呼吸或胸外心脏按压。伤员烦渴时，可给少量的热茶水或淡盐水服用，绝不可以在短时间内饮服大量的开水，而导致伤员出现脑水肿。

在治疗烫伤时应注意的事项（见图 6.3.5）：

图 6.3.4　严重烫伤的禁忌（一）

图 6.3.5　严重烫伤的禁忌（二）

1）如果在烧伤面上涂油或硫酸锌油之类东西，则容易被细菌感染，因而绝不可使用。

2）用酱油涂搽是荒谬的。

3）消毒时要用洗必泰（氯已定）或硫柳汞溶液，不可用红汞溶液，为涂抹红汞后（见图6.3.6），很难观察烫伤表面。

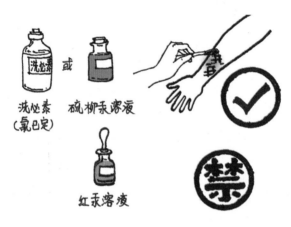

图 6.3.6　严重烫伤的禁忌（三）

6.4　玻璃割伤时的应急处理

（1）作为玻璃割伤的紧急处理，首先应止血，以防大量流血引起休克。必须检查伤口内有无玻璃碎片，以防压迫止血时将碎玻璃片压至深部。若有碎片，应先用镊子将玻璃碎片取出，采用有效止血措施，并立即送医院治疗。

（2）原则上可直接压迫损伤部位进行止血。具体创伤止血方法如下：

1）小伤口止血法。只要用清洁水或生理盐水将伤口冲洗干净，盖上消毒纱布、棉垫，再用绷带加压缠绕即可（见图6.4.1）。在紧急情况下，任何清洁而合适的东西都可以临时借用做止血包扎。如手帕、毛巾、布条等，将血止住后送医院处理伤口。

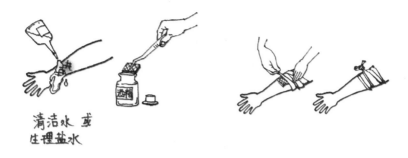

清洁水 或
生理盐水

图 6.4.1　小伤口止血法

2）静脉出血止血法。除上述包扎止血方法外，还需压迫伤口止血。用手或其他物品在包扎伤口上施以压力，使血管压扁，血流变慢，血凝块易于形成。这种压力必须持续 5～15min 才可奏效（见图 6.4.2）。较深的部位，如腋下、大腿根部可将纱布填塞进伤口再加压包扎。将受伤部位抬高也有利于静脉出血的止血。

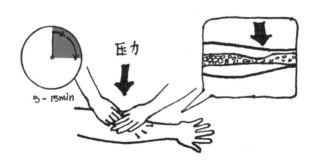

图 6.4.2　静脉出血止血法

3）动脉出血止血法。

a. 指压法：该法方便及时，但需位置准确。用手指压迫出血部位的上方，用力压住血管（见图 6.4.3），阻止血流。经过指压 20～30min 出血不停止，就应该改用止血带止血法或其他止血方法（见图 6.4.4）。

99

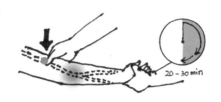

图 6.4.3　动脉出血止血法：指压法止血

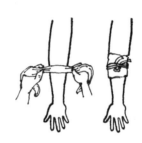

图 6.4.4　动脉出血止血法：止血带止血

　　b. 止血带止血法：适用于四肢大出血的急救。这种方法止血最有效，但容易损失肢体，影响后期健康。方法是用止血带之前，抬高患肢 12min，在出血部分的上方，如上臂或大腿的 1/3 处，先用毛巾或棉垫包扎皮肤，然后将止血带拉长拉紧，缠绕在毛巾等外面，不可过紧或过松，最多绕两圈，以出血停止为宜。止血带最好用有弹性的橡胶管，严禁使用铁丝、电线等代替止血带。用上止血带后，在上面做出明显的标记，注明用止血带的时间。每 30～50min 放松一次止血带，每次 2～5min，此时用局部压迫法止血，再次扎止血带的时候，绑扎部位应上下稍加移动，减少皮肤损伤。放松止血带时应注意观察出血情况，如出血不多，可改用其他止血方法，以免压迫血管时间过长，造成肢体坏死。